花园视觉
隔断设计

曼纽尔·桑尔　著
杨书宏　宝瓶　译

湖北科学技术出版社

图书在版编目(CIP)数据

花园视觉隔断设计 / (德) 桑尔著；杨书宏、宝瓶译. ——武

汉：湖北科学技术出版社, 2014.04（花园设计系列）

ISBN 978-7-5352-6464-0

Ⅰ.①花…Ⅱ.①桑… ②朱…Ⅲ.①花

园—园林设计 Ⅳ. ①TU986.2

中国版本图书馆CIP数据核字(2013)第318325号

责任编辑：唐洁 胡婷

装帧设计：戴旻

出版发行：湖北科学技术出版社

开本：889×1194 1/16

地址：武汉市雄楚大街268号湖北出版文化城B座13～14层

电话：(027)87679468

邮编：430070

印刷：中华商务联合印刷（广东）有限公司

邮编：518111

督印：刘春尧

2014年4月第1版

2014年4月第1次印刷

定价：68.00元

本书如有印装质量问题可找承印厂更换。

花园视觉

隔断设计

曼纽尔·桑尔（Manuel Sauer）曾在德国和美国相关大学学习园林景观设计，他在攻读理论知识期间，结识了各种独特、高雅的花园设计，并在其后参与设计和管理的德国联邦以及各州花园展示项目工程中积累了丰富的实践经验。

今天，曼纽尔·桑尔属于德国新一代独立的园林建筑师，他既能设计独具风格的园林景观，同时还可以进行专业的施工管理。他一手打造了众多风格迥异的欧洲园林景观和公共花园。他最有激情和专长的是设计施工花园中的游泳池等水景设备。

曼纽尔·桑尔曾多次获奖，如2009年获BSW奖（BSW：Bundesverband Schwimm-bad & Wellness泳池和水疗协会——译者注），2010年获红点(Red Dot) 设计大奖（Red Dot 奖由德国著名设计协会Design Zentrum Nordrhein Westfalen创立，至今已有50多年的历史，竞赛分三类进行，即产品设计、交流设计以及概念设计，每年吸引了超过60个国家近1万件作品参赛，得奖的作品可以获得在德国艾森的红点博物馆展出以及参加颁奖典礼的机会——译者注），2011年获全德国园艺设计最高奖提名。

这位著名设计家还定期针对最新的园林建筑发表文章，为建筑师商会作专业报告，并在南欧拥有独立设计工作室，是波恩Terramanus园林建筑设计公司的老板。

前言

　　"嗯，或许我们还应该在后院再种点开花植物……"在对花园进行规划设计时，大多数人认为露台的大小和花床的位置最重要，而视觉隔离总是被忽视了。等到最后发现视觉隔离也不可或缺时，已经有些晚了——因为事后弥补的隔离不一定能跟花园设计相匹配。最糟糕的就是一个很棒的花园设计，却被不相称的平淡无奇的视觉隔离完全地破坏了。所以在设计花园时，要把空间里所有的内含（包括视觉隔离）看做一个整体，每个空间里都有很多墙，他们是花园的整体背景。由于绝大多数花园都被建筑物或邻居花园所围绕，所以在实践上，无论从花园任何角度看，视觉隔离总会进入你的眼帘。现在我们就很清楚了：一个成功的花园设计是以一个成功的视觉隔离为基础的。

　　本书可以给读者一个方向性的导向，书中详细介绍了各种视觉隔离元素的设计，让读者了解基本知识的同时，能够在众多的设计方案中找到真正适合自己的那一款。书中不仅能找到自己修建花园的有趣案例，还有专业建筑设计师所需的品位和创意。拿起书，安静而细致地读下去，慢慢地你就会形成自己独到的设计理念。当你计划将自己最新的，富有激情的创意应用于设计理念时，请一定不要忘记：视觉隔离是露天的，所有的资材都将暴露在日晒雨淋之中。只有那些资材能经受得住风吹雨打、曝晒、寒冷或紫外线照射时，你的设计理念才有可能付诸实践。可持续的，美丽的花园需要高质量的资材，合理的规划和精细的建造。注意到了这些，你的花园每一天都会给你以生活享受。好，现在就行动起来，进入一个吸引人的视觉隔离世界。祝你有一个激动人心的发现之旅。

曼纽尔·桑尔

"景点就是一具雕塑。"
　　　　　　——Isamu Noguchi，艺术师，日本

"园林建筑把景观变成可以在上面行走的雕塑，在这里人类和自然融为一体。"
　　　　　　——曼纽尔·桑尔，园林景观建筑师

花园视觉
隔断设计

种植式

隔断

长势密集的常绿植物作为较高的视觉
隔断
· 紫杉 *(Taxus baccata)*
· 黄杨 *(Buxus sempervirens arborescens)*
· 女贞 *(Ligustrum vulgare)*
· 冬青 *(Ilex aquifolium)*

修剪 让我们先从传统的经典模式——常绿植物树篱开始。它的优点显而易见：在较小空间里提供最大程度的视线阻挡，既不单一乏味，又不必特别密植，左边就是一个很好的例子。紫杉树篱之间的空隙撕开了树篱的防线，把密植墙变成了有动感的群落。如果你正好站在裂缝间隙处，你的视线就会像打开一扇窗户那样被吸引到它的后方。如此，这个花园也没有被完全隔离。在公共地方规划一个视觉隔断或挡风篱笆时，这种设计方案是最佳的解决办法。此外，整齐划一的篱笆和柔软舒适的草坪形成的对比效果也十分成功。想要花园达到最佳效果，一定要注意植物品种的选择及其与花园建筑元素的匹配性。旁边铺地石板的嵌缝线条，将视线顺理成章地引入水池中。这样园景结构才错落有致，而不是由那种类似标准模具压制成的一个个独立单元。这种直线型的景观一般推荐用细叶型的常绿植物和锋利的修剪工具。

耐寒区　根据冬季平均最低气温，中欧被划分为11个耐寒区，各区温差约5.5℃。大部分地中海植物分布于第8区至第10区，沿莱茵河岸向西的第7区和第8区就很适合地中海植物生长。之后向东的朝阳坡地和四面环山的低地则属于第8区（最低温−9.5℃）。

异地种植的问题　若花园位于气候温暖宜人的地带，或紧邻市区自然保护区，那么隔断的首选植物就是地中海植物。只要阳光不是特别强烈，没有出现罕见的极低温霜冻、寒流和积水，大部分地中海植物的抗寒能力都不错，甚至在气温低时长势喜人。如图例所示：芬芳袭人的络石作绿墙，常绿乔木荷花玉兰作行列树和点缀其间的百子莲。土壤表面总是放一些木屑以利于冬天保温。想要种好这种地中海植物组成的挡风墙，除了必需的防冻措施外，土壤的排水性要好，才能提高成活率，防止水土不服。种植区分布是按照植物不同的抗寒程度划分的，这是判断它们能否在异地存活十分重要的依据。这样在某种植物被移植时就能知道是否有机会成活。同时，创造一个适宜的生长环境在设计花园前也要考虑到。

美丽的花房　假如你偏爱各色怒放的鲜花，那么绝对不能错过攀缘植物。无论是月季、铁线莲、香忍冬，还是各种应季品种，都是很好的隔断植物。这类植物即使在开放的花园中也能达到视觉隔断的效果，而且占地少，能快速达到高度要求。攀缘支架可以帮助它们达到最佳隔断效果，这些铜制的支架与经典的家具十分匹配（如图例所示）。

　　完美的细节：桌子上方古色古香的冠状挂灯瞬间就把这个舒适的花园憩息地变成了室外的客厅。

缠绕型、爬墙型和攀缘型植物的区别　缠绕型植物能充分利用支架尽情舒展枝叶，需要结实而坚固的支撑，如紫藤、忍冬。而爬墙型植物既有凭借自身带刺枝条缠绕支架向上的，如攀缘月季，也有常春藤这种吸附能力很强，轻易就能铺满外墙的种类。攀缘型植物会长出细小的攀爬枝条，自己寻找可借力的地方，如铁线莲。所以它们更喜欢细小的绳子以便抓附，其中只有那些具有攀爬附着器的植物如欧洲葡萄，能直接附着于院墙而不需另设支架。

芬芳的攀缘月季品种

· 白花：Bobbie James
· 浅黄花：Marechal Niel
· 柔玫红花：New Down
· 正粉红花：Laguna
· 深红花：Sympothie

跟着感觉走 你钟情甜蜜的浪漫花园风格吗？那么海洋般绚丽的玫瑰园肯定是你的最爱，特别是当你站在花园里，目光所及的是各色盛放的玫瑰如画卷般展现眼前时：陈旧的木椅，粗犷的攀缘架，拱形的玫瑰花门，处处渗透出浪漫的氛围，让人流连忘返。它们给这个已经被人遗忘很久的地方赋予了光芒四射的光环。但是，当你想在这个安静区域尽情享受花香时，注意玫瑰品种不同，花色、花香和香味浓度均有变化。缺少暗香浮动的玫瑰园会让贵族般的高雅享受大打折扣。

自由随意的组合　　采用绿植矮树做视觉隔断时，可在花园外侧将植物修剪成圆球形或木箱形等。如这个乡村花园中修剪成波浪状的紫杉树篱和周围随意栽种的植物融为一体，并把农夫花园围在里面。这种随意组合的植物不宜修剪成线条型，因为在修剪过程中要不时检查修剪的曲线和弧度是否与环境融洽一致。通过一段时间的练习，你的花园绿篱也会如图中一样，像个柔软的丘陵般起伏摆动。

植物雕塑　　植物雕塑的修剪在任何时代的花园艺术中都很流行，但各自有着不同的修剪风格和哲学取向。除经典的球形、锥形、矩形图案以外，装饰性修剪推崇个性化的创意和形象化的造型，比如各种姿态的动物造型等。为更好地做出所需的图案和形状，出现了新的雕塑修剪工具，可以达到普通剪刀难以达到的修剪效果。

难以置信的美 许多人喜欢在花园中种植翠竹。风中刷刷作响的竹叶，挺拔却不失优美的身姿，勾画出一幅亮丽动人的剪影，让人沉醉其中。与上部茂盛的竹叶相比，光秃亮滑的竹竿作为隔断略显单薄。幼竹由老竹的根茎伸出地表而成，有些根茎甚至会深入地下四面衍生，从邻居的草坪中探出头。对这种"越境繁殖"现象的控制，要在花园初建期就作好特殊处理。

对竹"越境繁殖"的处理 可采用一种聚乙烯（HDPE）含量很高、厚2毫米，高70厘米的合成材料。将其沿竹子种植区的外沿垂直深埋入地下约65厘米，剩余5厘米露出地表。"隔离墙"的衔接处以铝板镶边，拧紧螺丝。定期检查竹的生长状况，若发现根茎试图突破地表"隔离墙"，立即修剪。

紧密的箱形修剪和阔叶乔木组合

· 欧洲椴(*Tilia europaea* 'Pallida')，黄色
· 欧洲鹅耳枥(*Carpinus betulus*)，黄色
· 沙梨(*Pyrus calleryana* 'Chanticler')，红黄色

拱形廊柱 建筑师用现有的植物创造出一幅独具匠心的版画：成排沿边种植的黄杨，以矮树篱镶边，相互交织一起，构成了一堵密不透风、高过人头的"围墙"。前方修剪整齐的椴树走廊，引人入足"休闲一游"，炎炎夏日绿阴成片，凉爽秋日落叶满怀，严寒冬日白雪皑皑，无时不成景，无日不是画。刷新了的木椅巧妙地安置在对称线中轴尽头，轻而易举地拉长了参观者的视线。

树冠较大的小乔木

· 栓皮槭 *(Acer campestre* 'Nanum'*)*

· 秃头白柳 *(Salix alba)*

· 李子叶山楂 *(Crataegus prunifolia)*

· 唐棣 *(Amelanchier lamarckii)*

距离如此接近 　花园的隔断设计不仅要实用，更需要美观，就像珍贵照片的精美相框，灯光璀璨的华丽舞台一样。想把视线从那不怎么吸引人的外景重新拽回花园，矮小密集的小乔木是最好的选择。将其作为花园的绿色背景：上部宽大密集的树冠既能隔断视线，下部树干间隙又可窥探外景，下方栽植的树篱从高度上很好地弥补了树干间的空隙。波纹粼粼的水池顶部是弧线嵌边，完全沿着小乔木的走向，既强调了花园的弧形结构，又将前后景融为一体。别忘了，在花园边界种植小乔木需要征得邻居的同意。

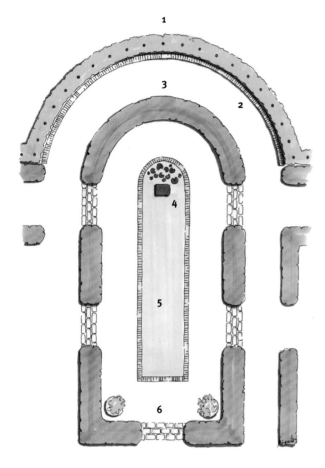

1 攀缘植物   4 泉石

2 砖石砌墙   5 水池

3 黄杨树篱   6 拱形砖石铺面

纵深的效果　　如果想用一个词来概括这个花园的特点，那就是"深度"。透过院墙可见的外景拉长了视线。首先映入眼帘的是窄而长的水池，泛着水波的池面立刻使园景生动活泼起来，竖立在水池顶端的泉石激荡起层层涟漪，形成圆形波纹向四周散开。同心圆的水纹，拱形的砖石铺路，环绕周围的黄杨树篱共同组成一个令人心醉的弧度。40厘米高的树篱无法提供足够的遮挡，四周可见的外景扩展了砖石路的走向。水池顶部弧形铺路后方环绕的植物种植区外沿砌了砖石土墙，防止区内植物探出。同时，砌成弧形的砖石土墙强调了后方种植的欧洲鹅耳枥的走向。许多种过鹅耳枥的园主都知

道，购买这种植物必须选择小型植株，这样才能让
其细小的藤蔓最大可能地在墙面舒展开来。此外，
种植间隔要密集，方便幼茎以后的攀爬。成行排列
的隔断并没有完全阻挡外面的景观，如此一来，视
野完全可以伸延到远方。

拱形 砖石铺面在转角处设计成了一个小弧度，即所说的
拱形路面。采用长为8~11厘米的砖块，边缘切口经过单
独处理各不相同。这种接近自然形状的砖块不仅美化了传
统砖石路，而且突出了其后方整齐划一的路面的线条感。

焦点 水池的顶端砌成拱形，安置
其中的泉石不仅吸引了拜访者的注
意力，还让水池从入口处看起来更宽
阔。

观赏草护理 只要观赏草的种植地点合适，它的护理就非常简单容易。只需在前一年进行枝干短截，来年早春就会呈现一派蓬勃生机。

花草墙 　和前面介绍的规划整齐，精心修剪出各种造型的常绿花园不同，这幅图片展现给我们的是外形极其随意的花草园。为突出乡村花园的多样性特点，以观赏草取代所有外形标准的植物。这里的观赏草不仅承担隔断功能，还赋予了以宿根花卉为主旋律的花园很强的舒适感。在空地有限的条件下，观赏草和高草的间插种植是成功的秘诀。这里采用的高草尖花拂子茅长势密集修长，高度可达1.5米。对那些不需要一年四季拥有隔断效果的主人来说，这款配有栅栏的花草园能在来年春季以突如其来之势席卷整个花园，令人感受到早春的灿烂。

迎风而立

- 白茅 (*Imperata cylindrica* 'Red Baron')，高40厘米
- 箱根草 (*Hakonechloa macra*)，高40厘米
- 蓝燕麦草 (*Helictotrichon sempervirens*)，高60厘米
- 沙滨草/蓝刚草 (*Leymus arenarius*)，高60厘米
- 狼尾草 (*Pennisetum alopecuroides* 'Compressum')，高80厘米
- 针茅草 (*Stipa calamagrostis* 'Allgäu')，高80厘米

迎风而立　　　种于平顶露台或露天阳台的植物，不仅要对根部土壤空间需求较低，还要有一定的抗风能力。枝条柔韧，生命力旺盛的观赏草是首选。纤细的茎秆即使在狭窄的地方也能让人自由穿梭其中。将观赏草种成植物箱也很节省空间。由于是室外种植，风很容易带走叶面水分，所以即使在阴天，也要注意及时补水。现在很多厂家能提供各种灌溉系统，比如用细塑料管将多个种植箱连在一起，软管上的喷嘴随时喷水滋润植物。这里的钢制容器被镀上锌，设计出各种造型，展现出建筑学的美感。各个种植箱既可紧凑放置，也可松散成型，很适合做空间隔断。需要提醒的是，高而纤直的容器一定要注意安全，避免被强风刮倒。

漂亮的镶边 　　你是否认为树篱只能用于简单的花园隔离？那可就大错特错啦——你完全可以坐在树篱之中。如图所示，树篱的中间被掏空，成为一个造型独特的"壁龛"，旁边的玫瑰花暗香浮动，让人犹如置身于休憩的港湾。隔断花墙的前面加种一排黄杨树篱。冬季修剪过的玫瑰花枝在这种常绿树篱的衬托下，不至于显得光秃无趣。这款设计成功地将普通院墙变成了极具观赏价值的景观。

茂密的树篱需要充足的养分 　被用于隔断的树篱一般种在花园边缘，常常给人只需简单护理的错觉。其实不然，因为定期修剪，树篱要不停地长出新的枝叶，它和观赏草一样要定期施肥。可将其落下的枝叶堆放在根部，或每年至少进行一次花园施肥。

客房雅座　公共区域里有时也需要隔离出私人空间，特别是要挡住对面地势较高处的视线时，很不容易设计。本图中的小空间，四周用高树篱作隔断，低矮的拱门让人即使在入口也看不到里面。内部的空地很小，一把遮阳伞就能挡住上方的视线。周围各条小路都能直达入口，很容易抵达目的地——安静而隐蔽的读书空间。

树篱种植　在新开辟的空地种植树篱前，一定要测算好间距，避免多年后因过于密集而太拥挤。1.6米高的树篱间距以60厘米为佳，高于1.6米的间距以80厘米为准。如紫杉枝叶细密，树篱间距可窄些，石楠和桂樱等形状略微松散的需要的空间也大，以80厘米为好。

拱廊上的攀缘植物

· 大叶马兜铃 *(Aristolochia macrophylla)*，高10米
· 南蛇藤 *(Celastrus orbiculatus)*，高10米
· 紫藤 *(Wisteria sinensis)*，高15米
· 金银花 *(Lonicera henryi / immergrün)*，高4米
· 爬墙虎 *(Parthenocissus tricuspidata)*，高15米
· 野葡萄 *(Vitis vinifera)*，高12米，可食用
· 猕猴桃 *(Actinidia chinensis)*，高6米，当雄株和雌株种在一起时，水果可食

花园一览 花园隔断不仅可以阻挡视线的窥探，还能转移视线。为顺势导入花园的另一景观，将小径渐变成绿色长廊，会达到令人惊讶的空间转移效果，尤其当视线的焦点是件特色艺术雕像时，更为明显。无论是容易修剪护理的树篱，还是林阴道旁枝繁叶茂的攀缘植物，都能营造出光影交错的迷人效果，展现生命活力。具体的会在第40页详细描述。

什么是铜绿？ 铜绿是指因强烈紫外线照射或其他环境变化而导致的物体表面变化，有时被认为是物体本身的瑕疵，其实只是一种很正常的物理变化。然而为了让花园表现出浪漫而古朴的气息，有时会专门采用有铜绿的物品作装饰。褪色的木板桥，砖石铺路接缝处透出的绿苔，都可以展示出自然之美。

与众不同的古典美 花园造型风格，其实就是将某种规律清晰地表达出来并让人理解。这种规律表达得越淋漓尽致，越能明确地表现出其内涵。一个合格的设计则应基于这种规律加以创造改变。谁越能驾驭这种改变，谁的创作就越具有个人风格。本图例的设计就是自然元素和现代元素的完美结合典范。充当隔断的攀缘植物被仔细而牢固的绳带扣住，配上茁壮生长的草丛，令人想起摇曳的湖光景色。简朴的木质小桥横贯整个花园，随着时间的流逝而渐渐褪色，有些地方甚至呈现出淡淡的铜绿。小桥底部安装了LED灯，黄昏时闪烁着蓝色冷光，给纯朴的自然景观带来一丝现代气息。自然和现代两种完全不同的元素完美地糅和在一起，让人焕然一新。

小贴士

在一株老树"旧枝换新枝",重现青春之前,强烈建议请资深植物专家对老树作个详细"健康检查"。有些老树即使根部腐烂,也会在几十年后重新长出新枝。但这些新枝非常容易断裂,必要时要用绳索捆绑系牢。

赠送的礼物　　运气好的话,花园中遗留下来的古朴气息的老树,会让人有桃花源的感觉。但有时也会因为老树的位置和新的花园设计难以融合而让人挠头不已。现在让我们一起来分析一下本图例的设计,看它是如何从老树为切入点全盘考虑的:设计者巧妙地利用园中长势高大的梓树和其后方的树篱,勾出一个宽敞明亮的空间。弧形的紫杉树篱、树篱到花园边界间狭长种植的晨光芒都增添了花园的氛围。如此一来,花园中的老树便成为了最引人注目的主角。

开放式自然景观的树篱隔断

- 栓皮槭*(Acer campestre)*
- 欧洲鹅耳枥*(Carpinus betulus)*
- 欧洲山毛榉*(Fagus sylvatica purpurea)*
- 山楂*(Crataegus monogyna)*

草坪上的欢乐　　有时因为大环境影响，视觉隔断很难和周围景观相匹配。这款设计充分利用大面积的草坪，尽可能地将周遭景观连成一体。置于草坪中央的座椅被欧洲山毛榉环绕围住，恰到好处地挡住外来视线。远方修剪整齐的树篱就像一个巨大的座椅靠背，既突出了座椅，又适当地展现出自然的平和。这里真是和好友喝下午茶的好地方。

花园结构规划　如果花园的面积足够大，可采用矮树篱作为空间分割或结构划分。这样，设计师就能建出不同风格形态的"花园房"。设计的关键在于如何安排各个不同主题之间的变化元素，既能最大化地强调各自特色，又不破坏花园整体设计。各个主题之间要有足够的纵横交错的通道相连接。本图例中的艺术造型不仅是视线焦点，而且拉长了视野。

花园主题
花园绿阴下的幽静空间因其多变的情景气氛，能最大限度地满足人的感官需求：
· 竹林
· 香草园
· 草坪雕像
· 白色的遮阳花园
· 水中小岛

阶梯效果　　地势倾斜的花园适合较高的视觉隔断。本图设计中，树篱被有序的分成三个阶梯块，沿着斜坡自上而下，视野则自下而上无限扩大。可以说是个非常巧妙的构思，令人印象深刻。需要强调的是，这款设计非常有针对性，各阶梯的树篱品种并不相同，这种组合方式赋予了隔断更多的变化和生动感。

正式的阶梯树篱

· 日本小檗(*Bergeris thunbergii*)，秋天为红色

· 红叶小檗(*Berberis thunbergii* 'Atro-purpurea')，红色

· 欧洲冬青(*Ilex aquifolium*)，深绿色

· 彩叶冬青(*Ilex aquifolium* 'Argentea marginata')，白色叶缘

柳树枝编成的栅栏

· 首先标出种植区，挖若干个30厘米深、30厘米宽的种植坑

· 插入新截的柳枝，间隔60厘米

· 之间以15厘米间距再植入细嫩柳枝

· 初期为保证间隔60厘米栽植柳枝的稳固性，柳枝条要水平方向进行编织

· 树枝之间的连接不要用金属线，而要用弹性十足的枝条

扦插繁殖的奇迹　　极具乡村情趣特点的编制式栅栏不仅适合自然花园，也适合淡雅清新的设计，以中和其冷清感。这种编织出的栅栏很容易种植，而且成本低廉——只要将嫩柳枝条插入土中即可。插入的枝条很快就会生成新根，长成柳树。想做出图例中的栅栏效果，需要在种植前详细做好间距规划。互相交织的柳条要捆绑结实并以木桩固定，如此才能让柳枝交织生长而不会被大风刮跑。扦插初期注意定期检查，一旦有侧倒或掉落，要立即补种。等枝条长稳后，剩下的就是大自然的事啦！

攀缘植物的形成 通常情况下，因为攀缘植物弯来绕去的枝条，让人看上去总觉得有些年头。因此在种植攀缘植物时，等到树干达到要求的高度后，就可在树冠上搭建结实的木质攀缘架，让幼枝伸展藤蔓。最好选择柔韧性好、易弯折的枝条，将其和支架系紧，其他剩枝全部剪掉。这样就构架出了完美的树冠轮廓。当然，每年一次的修整去枝也必不可少。

攀缘支架的搭建 当荷兰刚刚兴起以阔叶树作为攀缘支架用作视觉隔断和防风林时，德国的果树墙已遍地开花，更不用说将果树作为攀缘支架使用了。这样既能欣赏到美丽的花朵，又能收获果实一饱口福。果树的高度一般控制在2米以内，这不仅是为了采摘方便，而且是作为和邻居花园隔断的植物的最高限度。其中以苹果树、梨树最适合，此外还有很多品种可供选择。

小贴士

花园中采用沙石路或砾石路时要考虑到路边的绿化镶边。沙石路或砾石路能非常有效地隔绝杂草种子的落地繁殖，其中尤以为增加排水性而专门增铺了鹅卵石垫层（20厘米厚）的砾石路为佳——深层地下水无法到达地表，而杂草种子仅靠有限的地表水很难存活。

敞亮的空地　右图中的花园虽小，但主人的独具匠心，使得满园绿意却不狭小拥挤。沿着院墙种植的晨光芒长势喜人，恰到好处的间距让内院显得干净整洁。院墙上爬满绿色常春藤。花草种植块像探入砾石路的小港湾一般，为花墙增添几分动感。长条形喷水池，明亮的鹅卵石，潺潺的流水声，散发出宁静祥和的气息。所有元素结合在一起，感觉很大气。

高大乔木的种植 按根的大小，进行大型植株的移植通常需要直径不小于1.5米的深挖坑，便于植物新根的顺利生长。把植株牢稳地固定后，用150升的水浇透根部，而且在移植的第一年内定期进行。此外，建议对植物主干生长做特殊保护——用芦苇垫包裹，避免太阳直射而导致树皮干裂。

包围之势 若外部环境是大片草皮或高大建筑物时，要对隔断做出调整，减少外部环境的影响。本图例采用线型修剪的紫杉树篱，和公园草坪泾渭分明地做出分隔：既保障了房前大片空地，又隔绝了外来视线。修剪成箱型的椴树整齐地排在两侧，高及屋顶的树梢强调了花园的空间大小。这里对椴树的种植方式做了一些小小的设计：顺延房子的走向，将花园的各元素聚积在一起，对房屋形成包围之势，却又并不排斥外面的草坪。

建筑式

隔断

陶砖砌成的隔断墙 以陶土为原材料，用 1000℃以上的高温烧制而成的砖块称为陶砖。根据砖块表面光滑度的不同，有被机械打磨得光亮剔透的，也有表面粗糙如同手工制造的。按照对陶土添加的混合材料的不同，陶砖呈现出多种颜色，从亮黄、正红到深烟色应有尽有。

淡妆也宜人 现代建筑中使用灰色表面涂层的设计不可忽视。暖灰色作为黑色和白色之间的过渡色，非常适合搭配绿色植物，更能衬托出植物的旺盛生命力。花园露台后部以陶砖砌成隔断墙，饰以灰色涂层，不仅未加重树篱厚重感，反而使花园中的各个元素之间的搭配更协调。灰色和绿色更加和谐地融为一体，让人顿足观赏。静置于左侧通道树篱旁的桶栽植物，像是发出无声的邀请，吸引来客更深入地探寻。

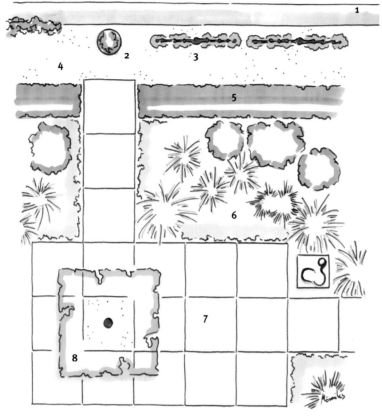

1 陶砖隔断墙

2 桶栽植物

3 攀缘植物

4 鹅卵石铺路

5 紫杉树篱

6 草丛

7 大理石板铺路

8 遮阳梧桐

直线的应用　　大块的铺地板材非常适合素净的设计造型。图中的露台就使用了这种大尺寸的大理石板，交叉砌合成网状。小路的走向，各个角度和其他元素都在这个网上的直线上，有序地连成一体。这看起来容易，但在实际操作中，由于需要连在一起的元素差异，对设计者是个不小的挑战。本图例则很好地阐释了这种网状结构的设计原理。

通往露台的两条花园小路，位于大理石铺地的横轴和纵轴延长线上，二者的交叉点则是遮阳梧桐。裸露的地面大小正好合乎一块大理石板材。这种设计清晰明了的强调了花园的各个角度，体现出几何美。值得推荐的是这里被充作雕像使用的桶栽植物，位于垂直线小路和陶砖隔断墙的相交点，这里并不是小路的终点，左右另有小路通向他处，同时避免垂直小路和隔断墙下卵石路生硬的连接。桶栽植物大大提高了拜访者的关注程度，引发其更深入的探寻新发现的兴致——环绕于隔断墙的小路旁种满了修剪整齐的梧桐，成为隔断墙上部空间的保护。和花园正中的遮阳梧桐不同，隔断梧桐被修剪成直立向上，左右相连的形状。枝杈交错的梧桐，灰色陶砖隔断墙，整齐的紫杉树篱因高度不同呈现出三维立体感。种植区的植物品种单一，宁缺毋滥：观赏草中偶尔间杂几株宿根花卉，充分展示各种绿色植物的枝叶美。

弯曲的技术 无论是用于遮阳，还是用于攀缘的植物，都要选择易修剪的品种。每年对新枝进行修剪保持造型。新长的主干嫩枝要用竹竿绑紧固定，方便来年长成所需形状。

小贴士

对个性独特的浪漫花园来说，最理想的建材莫过于那些具有历史厚重感的材质。锻造成艺术品的铁栅栏变成了攀缘支架，镀锌的船桅是凉亭的门柱——旧货市场的讨价还价真是物有所值。尤其那些因重建拆除的废弃建材，价值虽不及新货，但独有的魅力却不容质疑。

一股怀旧的历史气息　　这是一张堪称完美的照片：古色古香的老墙，墙头爬满了娇艳盛开的野蔷薇，仔细观察的话，甚至能看到那宽窄不一的砖石接缝——若不是近几十年来多次填缝修补的痕迹，就是全部翻建的结果。由于近年来大家对旧建材的重新认识和接纳，修补所需的旧砖石都能在建材供货商那找到。隔断墙前玉簪花丛中堆砌了几块布满青苔的大块碎石，就是不知道这是被人遗忘的石柱废墟，还是主人有意而为。

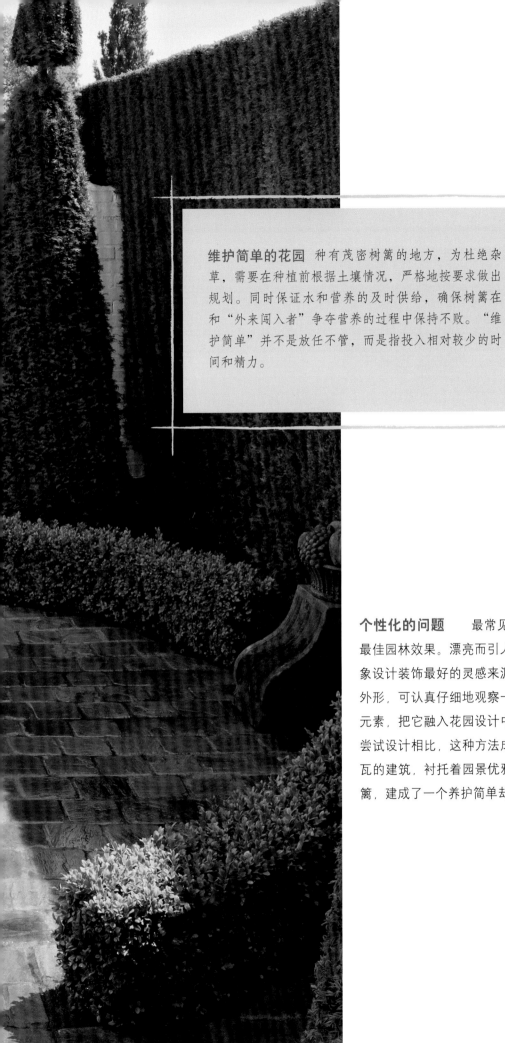

维护简单的花园 种有茂密树篱的地方，为杜绝杂草，需要在种植前根据土壤情况，严格地按要求做出规划。同时保证水和营养的及时供给，确保树篱在和"外来闯入者"争夺营养的过程中保持不败。"维护简单"并不是放任不管，而是指投入相对较少的时间和精力。

个性化的问题 最常见的问题是，如何才能达到最佳园林效果。漂亮而引人注目的房屋建筑是花园形象设计装饰最好的灵感来源。如果你很满意你的房屋外形，可认真仔细地观察一段时间，找出最具特色的元素，把它融入花园设计中。和那种只有朦胧想法的尝试设计相比，这种方法成功率更高。图例中白墙红瓦的建筑，衬托着园景优雅动人，配以造型各样的树篱，建成了一个养护简单却又绿意盎然的休憩地。

花园照明的前提条件 除了入口和楼梯处的安全照明外，花园灯光还有一个特别的任务——营造舒适惬意的氛围。黑暗中人的眼睛对光线很敏感，因此照明亮度要弱。为防止光源对眼睛直射，可使用墙壁或植物将灯光加以反射。

三角关系　　住宅花园提供的室外活动空间，比室内活动更多了些大自然的享受。设立于翠竹前的3个元素围成一个相对封闭的空间：庭院前窄长的水池正中直立的耐候钢压板（一种低合金耐腐蚀钢材——译者注），中间钻孔以便透光。两旁对称安放的石碑，涂有粗灰泥的沙石颜色，和露台侧前方的种植容器颜色互相呼应。这3个元素恰到好处地勾勒出花园范围，各元素之间种满各式观赏植物，共同形成了反射墙，使隐藏其中的大灯强光变的朦胧幽暗。

1 耐候钢压板隔断   5 草坪

2 辅路   6 种植区植物

3 水池   7 种植容器

4 水池踏板   8 露台

互相制衡   这个窄长花园设计中，最吸引眼球的是花园尽头的钢板和水池。即使在起居室，偶尔的窗外一瞥，也能立刻抓住所有的注意力：正中极具艺术感的耐候钢压板和两侧的石碑构成了隔断墙，前方是静静流淌的小水池，波光粼粼的水面毫无遮拦地闯入眼帘。通常被用作隔断的草坪，在这里变成天然绿色地毯，巧妙和谐地将露台和隔断墙这两个举足轻重的建筑合成一体，却又泾渭分明，勾起观赏者再次探寻的好奇心。右侧种植区的延伸处隐藏了通向后院的石阶小径。一般要求种植块的大小和花园面积相匹配，这样可避免草坪面积过大造成花园景色头重脚轻的不平衡感。设计师在这里很好地通过制衡方法，展现出这个南欧花园的特点。类似热带丛林的植物布局暗含有序的对称：两侧植物品种

相同，排列方向相反，坐落于露台前方，像是足球
场上球门边的伪装。被涂抹为沙石色的石碑和露台
两侧的植物种植箱不仅强调了花园范围，还强化了
三元素之间的关联。

耐候钢　这种材料即使表面受到些微损坏，也不会腐蚀生
锈。材料中混入的铜、铬等元素，可在生锈的表层形成一层
抗氧化的隔离层，几乎能完全阻止钢板继续氧化。焊接在一
起的大块考登钢即使再精加工，也能看出接缝痕迹。

抹灰泥　在墙壁上涂抹灰泥有两
个步骤：1.打底涂浆；2.上层灰泥
涂浆。有多种效果可供选择：光滑
涂层、粗糙表层、横纹表层等。

引人注目的艺术品 无论是大公园还是小庭院，放几个特色艺术品都能在一定程度上吸引眼球。这里处于攀缘支架中轴线的雕像就是最好的聚焦点。

艺术头像 如果你拥有和图例类似的花园墙，那简直是太幸运了。这种砖墙与周围环境非常容易协调，几乎不需要任何美化处理。对砖墙做点个性化的小装饰，前方放一把舒适的座椅就大功告成。这里则是在攀缘架的对称轴上放了座手工雕塑头像。非常值得可圈可点的还有雕像前的盆栽：娇嫩的玛格丽特如同一道炫目的色带，和身后的绿色植物带对比鲜明（这里的绿色植物种在比雕像低的种植区）。横向排列参差众多的盆栽和植物加深了视线的纵深感，延长了视线停留的时间。

异地品种室外过冬　即使是号称最耐寒的棕榈（可耐-18℃的低温）也需要对枝叶做些防冻保护。这里采用的是木条制成的防风顶棚，外包泡沫塑料薄膜，能在室外温度极低的情况下避免植物霜冻。当然，这种塑料遮盖物必须能保障空气流通。

花墙内的繁华　　这个涂了亮蓝色的隔断墙内是生机勃勃的宿根花园，几乎容纳了各种外来植物品种。圆弧形的设计适合不同风格，能让所有植物自由伸展摇曳。这个隔断墙最关键的设计是墙头技巧：些许向外突出的墙顶盖帽，挡住了下雨时墙头积水下流而形成的水流污痕。盖帽向外突出约3厘米，背面有清晰的凹痕。借助这种被称作"小鼻子"的沟槽，雨水能很快排走，不在墙面留痕。

凹地　　有些地方因地势较低，可形成天然隔断，但也由此产生一个新的问题：如何才能保障雨天排水通畅，尤其是地块周围建有围墙或有框架环绕的情况？如果排水问题得到解决，这种地势的变化可以提供多种设计可能。需要提醒的是，地势的增高和深挖都必须符合建筑要求，要提前咨询相关部门。

小贴士

使用砂浆的砖墙，经过一段时间的风吹日晒雨淋，析出的碳酸钾会在表面形成一层白色沉淀物。这种现象可以通过往砂浆中加入水泥的办法来防止。或者在砖墙上再砌一层遮盖物，防止雨水侵蚀。

优美的弧形曲线　　围墙也可修建成弧形，从外观上讲更生动。曲线形隔断墙最大的优点是让花园更富有变化，避免雷同乏味。一旦决定修建这种围墙，首先要征得邻居同意，明晰花园界限以免产生争执。蜿蜒曲折的围墙两侧能做对称种植，也可只摆设一两件艺术品。无论哪种，都很漂亮。

建造围墙式隔断的地基要求　　砖墙建筑过程中，会由于接缝处使用的砂浆受潮而析出白色沉淀物，为防止地面积水对砖墙的侵蚀，要在水泥地基上单独铺一层沥青，然后修建砖墙。

小心危险 铁丝网凸出的钩尖很容易让人受伤，一定要买质量上好的弯曲铁丝，也就是那种在室外儿童游戏区规定使用的安全铁丝。

石笼 随着造价低廉，耗时短却又不失舒适感的乡村花园建筑的发展，现代的石笼也找到了用武之地。这种不宜侧、倒放置的碎石网通常有50厘米的厚度，也有20厘米厚度的，主要适用于房屋外墙。建议采用石笼或半绿化石笼以减轻大堵墙的厚重感。如图例中的碎石网就被充作了转角栅栏。由于缺乏供水，石笼上几乎不能生长任何植物。

艺术品建筑　　得益于现代印刷技术的日新月异，广告技术中持久防雨薄膜的使用，让爱画的你终于可以在室外也挂上几幅，慢慢欣赏。不起眼的车库外墙是挂画的最佳选择——面积够大，抗风力强。墙壁表面不要涂抹光滑，表面粗糙不平的灰泥砖墙是天然浮雕版画。新刷的墙壁在阳光下呈现出有趣的图案，傍晚在灯光的照射下又有种戏剧舞台效果。由于是室外挂图，因此画的尺寸要大，而且画之间的间距也要大。挑选时注意材料特性，比如抗紫外线与否。

小贴士

任何木头在阳光下搁置一段时间，都会在紫外线的作用下变得色泽斑驳。这虽然不会对木头的实用性有所影响，但颜色的改变还是不可逆转的。使用护理油有短期翻新的效果：云杉、松树等木质较软的木材刷涂后可改善木质。而本身就含有油脂的热带硬木几乎不会吸收任何护理油，只要本身质量过关，不需另行处理也能长久使用。

花叶顶棚　　如有通向后花园的小路，那么修一个藤架，种些攀缘植物就是个很不错的隔断。漂亮的支架上布满鲜花绿叶，使林荫小道变成了一个构思巧妙的建筑造型，与露台相呼应。搭建木质支架过程中，为避免木桩和地面直接接触而导致的水蚀霉烂，建议使用水泥钢钉，突出地表10厘米，再以螺丝和木桩连接拧紧。

清凉的浪漫　　林荫小道总是让人联想到梦幻般的童话花园。漫步于绿色走廊，置身于花海中央不应仅仅是浪漫爱好者的享受。现代美学中，交错纵横的林荫小道是个非常成功的设计元素，很好地阐释了简约的建筑风格。轻质镀锌钢架结构的新技术使用，使得顶部框架的拱形设计成为可能，攀爬其上的紫藤加强了拱顶的柔和感。由于支架搭建只需要很小的建筑面积，因此设计师将支柱建在了两侧黄杨树篱之中，借助走廊将树篱连成一整体。

镀锌钢架　为防止钢架生锈，可涂一层带光泽的薄锌层。由于后期的钻孔会破坏锌层，在孔周围形成锈痕，所以在建钢架前就要做好规划测量，打好孔后再镀锌。

旧貌换新颜 颜色暗沉的隔断墙，很容易让人心绪低落，这可不符合自然规律。灰扑扑的车库外墙虽然造价低廉，却难免影响大家聚会的好心情。现代新型涂料公司可提供颜色各异，品种繁多的涂层颜料。从中选个亮色，再配上几株盆栽，几件漂亮家具，就能让露台焕然一新。大胆地尝试一下吧。

小贴士

时尚新潮又便宜的花园用桌椅配上柔软舒适的软垫，在灯光的照射下，在颜色亮丽的隔断墙上投下斑驳的剪影。海绵软垫外包有一层丙烯酸树脂纤维，防止受潮。好一个炎夏休闲的好去处。

隆重登场　　花园改造过程中，有时需要对现有院墙重新划分。在投入大量的时间精力去改造院墙之前，建议采用本图例的方法，在院墙前树一个新造型，再在两侧添加种植块：填满石头的石笼赋予老式砖墙一种现代时尚气息。这种分割效果非常不错，并可根据院墙的长度重复使用。水池底部的河卵石和石笼的卵石相呼应。

小贴士

在花园里即使是较小的高度落差也能带来令人惊艳的效果。如图中15厘米高的台阶就足以产生不同的层次感。三级台阶共45厘米高，这样两边的辅助墙就刚好可以有座椅那么高。

抬升　　想抬高休憩地的地势，要注意周围环境，做好视觉隔断。本图例中使用纤直圆木，在入口处搭建了一个横向藤架，间距相同的木架上爬满攀缘植物。作为隔断的圆木阻止了视线的探入，但并没有拒绝拜访者继续探寻后花园的兴趣，而且拉长了花园的长度。

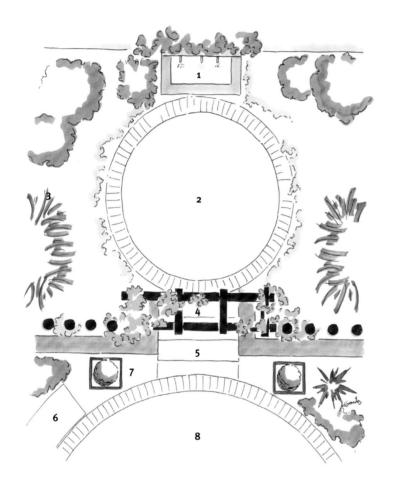

1 壁泉　　　　　5 台阶

2 休憩处　　　　6 矮坐墙

3 种植地　　　　7 容器植物

4 藤架　　　　　8 较低的露台

显眼的位置　　没人愿意在和自然景色完全独处时被别人的视线打扰。这款设计的意图在于，利用隔断对休憩地作适当的遮掩，避免从大露台外就能一览无余。同时期望被遮掩的休憩地仍然能获得瞩目，而非与世隔绝。这点从设计者对休憩地的处理手法上表现得很明显：圆形的露台被有意抬高地势成一个小平台，并以上升的台阶强调了地势落差。排列有序的圆木柱建成了藤架，是通往平台的必经之门。登上台阶，迎面而来的是水声叮咚的壁泉。台阶两侧放了装饰用的盆栽。需要注意被抬高的平台的稳固性。为防止侧面斜坡土下滑，要在旁边建保护性围墙，以减轻压力。围墙的长度应到花园边界为宜。

如果邻居花园侧面也有围墙，那么你的保护性围墙就必须和其保持一段距离。若边界有栅栏或树篱，所修保护性围墙的高度应与被抬高的平台高度齐平，并不能损坏树篱——保护根部持续生长。

藤架　圆木搭成的藤架有透视效果。竖立的圆木可供攀缘月季向上伸展，顶部横置的圆木则是金银花和铁线莲的天地。为避免圆木和地面直接接触造成的水蚀霉变，圆木下应使用高出地面10厘米左右的铁钉，再用螺丝钉将圆木和螺丝拧紧连接。

可坐的扶墙　一般以三级台阶为宜。45厘米高的台阶正好和座椅高度持平。所建台阶扶墙正好充作坐凳。

木桩墙 　将锯成段、粗细不同的木桩堆成隔断墙或装饰墙，价钱便宜且时效长。既能选择不同树木品种的树干以取得不同颜色变化，也可选择同品种树干以求深浅不同的色调。树干的切割面要平滑整齐，严格按直线堆放，效果才好。本图例的木桩墙中间放入了许多树枝，中间的空隙可用任何想得到的东西代替树枝填充。木桩墙前放置的红色时尚钢制桌椅和朴实无华的木桩形成强烈的色彩对比。

梦想之屋　　你是否一直想做一个新的形象设计尝试，以此为舞台背景，尽情放纵自己的想象力？这里的地中海花园，采用残墙断壁作隔断。仔细观察，会发现许多精致的小细节。很难说这项工程到底投入了多少精力和金钱进行墙壁粉刷、铺设砖地和门楣，才把它营造出历尽沧桑的古旧感。残破的院墙上的小株植物需要相应的灌溉技术辅助，才能继续不间断的生长下去。

小贴士

一定要注重细节的表现。动土之前多花点时间做准备工作，汇集不同的观点和想法，特别是各个不同材质元素的搭配使用，才能构建出如此如诗如画的效果。

陈列墙 从这款设计中可以看到，院墙不再单纯地只是个平面，或用作装饰品的悬挂处，它还可以是模型陈列墙。其箱型造型和台阶式排列很有三维立体感。彩色奶粉罐被巧妙地当做花盆容器，成为天竺葵的天堂。需要注意的是，防止浇水过多，水溢出奶粉罐会滋生铁锈，很容易在粉刷的墙上留下污痕。这种陈列墙式的隔断适合各式花园。

在院墙上安装陈列墙 在墙上安装这种具有三维立体效果的陈列台，必须保证墙和陈列台之间的承受能力。最好选择防锈的钢制地脚螺丝或膨胀螺钉固定。墙上所有的钻孔要立刻进行填塞，避免出现水蚀。

魔术师的独舞 想象无止境！这款隔断墙展现出形象组合的无限创意。院墙被掏空后安置了壁龛，成为摆设装饰品的陈列架。夜晚来临时，又华丽地化身成光源的提供者，闪烁着迷人的柔光。安装于壁龛旁的铜管流出的水流，在空中划出优美弧线落入下方的接水槽，给整个设计增添了一份动感的"湿"意。

小贴士

如果认为雨季维护工作太费时费力，墙面涂层就不要用白色或类似的亮色，而是使用接近土质的灰色，以免雨水污痕或苔藓过于明显。当然想长久保持隔断墙的完美状态，定期清洁必不可少。

强烈对比　如何在两株成型的大树之间作隔断是个非常有挑战性的问题，但并非不可为，重点是保护好大树的根部不受损，可以采用在隔断墙后面做两个有柱子支撑的墙基的方法。这里使用镀锌塑钢型材料的支柱，用混凝土浇筑后，把彩色塑料板用硅酮密封胶粘贴其上而成。时尚艳丽的塑料板和花园中的落叶乔木对比强烈却又和谐无比。如果条件所限不能做加固地基，还有一个办法：把塑料板悬挂起来，用钢丝系在两侧的树上，固定后再以具有伸缩性的带子捆绑，这个腾空的隔断就完全挡住了所有视线。

小贴士

作为隔断墙支柱的地基不仅有一定的挡风能力，其下层土也要能防霜冻。地基大小以长40厘米×宽40厘米×高80厘米为佳。

双重效应　　从视觉上来讲，拓展空间最好的办法就是使用镜子。安装了防风镜框的大幅镜面可放在花园的任何地方。无论是开花期的宿根花卉，还是单株乔木，其美丽的风姿都会被双倍扩大。理论上讲，镜子也适合为光线较暗的壁龛加强照明效果。如何做到与众不同，　就需要有心人琢磨琢磨了。镜面的质感在制造这种视觉效果中的作用举足轻重。否则，不但没有美化效果，反而会令形象大大减分。

小贴士

如果想采用生长期长的紫杉木作立体几何造型，但又因成本原因只能种植小型植株，可以在小紫杉木上搭建绿色木架（如图例）。这样既容易在将来认清紫杉形状，又可按木架形状进行修剪。

高贵而优雅　　对典型的城市花园进行设计很难。周围华丽的建筑，遮天蔽日的大树和各种特色元素都需要全方位的综合评价。这种苛刻的外部设计环境要求，总让人陷入如何在细节和繁琐之间进行平衡的尴尬境地。图例中的花园设计者成功地找出合适的方法：一方面通过材料选择和设计方案确定古典的美学观点，另一方面使用最简单的外形避免过分的华丽感。以水池为中轴线，以金属质感的艺术造型为背景的对称设计，使花园庄严又不失雅致。

优美的流线型　　造型独特的编织隔断是这个花园的最大亮点。设计者摈弃了传统的编织方法，把它作为大幅挡板安装在支撑柱架上。仔细观察，能清晰分辨出编织纹路：纵横交错，整齐如棋盘。这是现今只有少数筐篮编织工才会使用的一种编织手法。隔断墙前方种植区内的薰衣草、灯芯草、晨光芒、独尾草随风摇曳，增添了几分南部乡村花园的魅力。

小贴士

想在花园内放置漂亮家具，一定要注意它们和周围环境的协调性。大片安静的观赏草背景要比颜色艳丽但花期有限的鲜花背景效果更好。

令人心旷神怡的景色　　自然景观式花园的设计对专业人士来说也不那么容易。一方面要尽量保持原有的自然景观原貌，另一方面又要赋予个人特色。图例中的编织型隔断墙就很贴近大自然：用间隔距离相同的竹竿作支柱，其上编织柔韧性非常好的柳条枝。隔断墙上开的"窗户"，协调了"开放性"和"隐秘性"，让整个设计很有质感。

适合作编织栅栏的木材　　材质要易弯曲，不易分叉，枝条笔直，韧性相同。具备这种特性的木材有：
· 柳树
· 榛树
· 竹

书架上绽放的鲜花　　针对阳台空间的局限性，最好的解决方法是一种工具或场景能同时满足多项功能。如图中的书架既是花架，也是视觉隔断。书架的每个横板都重新做了适当的调整，摆满高矮不同的花，显得郁郁葱葱。下方的横板比上方的横板更向外凸出，避免日照不均，这点对季节性植物非常重要。否则花架上的植物长势不同，影响整体美感。

小贴士

为避免因天气转冷，阳台植物凋零而产生的悲秋之感，利用废弃不用的花盆填补隔断架上的空隙，会产生意想不到的效果。无论是使用不同颜色的彩绘花盆，形成色差对比，还是使用不同形状的花盆形成景深感，都会赋予阳台一种多变的美。

悬空的花盆　　与邻居露台的隔断当然也可作成透视的。刚抽条的植物被种在花盒中，有规律地悬挂于隔离架上。为防止隔离架一侧因为悬挂造成重量倾斜，可选择型钢作加固横档，然后再在横档上挂牢花盒挂钩。木质花盒很容易受潮，所以这款设计适合有阳光照射的地区。花盒中要添加排水性佳的沙质土壤，避免湿土烂根。

耐旱阳台植物
· 景天类 (*Sedum cauticola 'Robustum'*)
· 彩虹羊茅 (*Festuca amethystina*)
· 香叶棉杉菊 (*Santolina rosmarinifolia ssp. Carescens*)

三和弦的混音 装满石块的铁丝网筐、独特的长树干以及常绿植物，这3种完全不同风格的大胆混搭，造价低廉却很引人注目。设计师在对材料的处理过程中运用了对比方法：大量沉重的石块密集地置于铁丝网中，去掉树皮的刺槐仅用细绳固定，被打磨光滑得几乎可以在上面赤脚跳舞，只有鹅耳枥在风中沙沙作响。种植块地面铺就的碎木屑和顶部木架颜色相呼应，真的是一个很漂亮的设计。

刺槐作为一种特别的建筑材料 刺槐属于一种很坚固的木材。由于其树干很容易长歪，大家都喜欢用砍伐下的树干做个性化造型，比如玩具、木屋、藤架拱廊等。

以点着面 这是个很典型的成功设计，隔断和藤架被融为一体。隔断墙挡板间的小间距衬托出藤架的网状框架结构。仔细观察，会发现隔断墙挡板的间距并不完全相同。这个不同是和其前方的条形花坛和藤架支柱下方的座椅相互协调的结果。有趣的是，藤架支柱上也刻了垂直条形沟槽，和隔断墙挡板的嵌缝相呼应。藤架前卵石镶面的水泥种植箱造型非常独特，很有个性品位。当然，使用和藤架设计类似的细长条花桶也是不错的选择。

多年生早春花 并非所有的早春球根来年都能开花，这里介绍几个耐用品种：
· 野生郁金香
  (Tulipa turkestania)
· 三蕊水仙
  (Narcissus triandrus 'Petrel')
· 天蓝葡萄风信子
  (Muscari azureum)
· 藏红花/番红花
  (Crocus-Hybriden)

石块堆成的"凤凰"　　石笼是采用机械编织的金属丝网，其内填满石块而制成的用于隔断的石墙。用材简单，成本低廉。若想用于花园隔断，可将挑选出的石块手工堆积于笼网即成。当然其花费肯定比机械化制造的石笼要贵。想把石笼变成一个漂亮的造型设计，就要在填充过程中注意缝隙空间走向、排列秩序、外观造型等因素。只有各方面都匹配的隔断墙，才能无论远观近看，都是完美艺术品。

小贴士

石块无论何种大小、品种、形状，只要比石笼网眼大就能使用。甚至木块、塑料、工业用玻璃也可以是填充材料，只要所有材料都能安全稳固地置于笼网之中就可。特别是有两个以上的石笼同时使用时，更要注意安全。

蓝色的韵律　　你没看错，它就是固定在地上的木桩，但是却不能持久使用。这种短期的栅栏隔断（5～8年）很适合那些喜欢自己动手，却又想不停有所改变的园艺爱好者。木头很容易打入土里。可以选择体型大的、未经处理的木桩打入土中作为加固用的支柱，再以两个不锈钢长条带为连接，将不同粗细的、涂了颜色的木桩用螺丝拧紧固定在钢条上。粗细不同的粉蓝色木桩，在绿色开花的野葡萄藤的衬托下，有种和谐的韵律感。

耐用的本地木头　对隔离栅栏来说，不需要使用贵重木料，本地生长的花旗松、松树、落叶松、刺槐、橡树等都是不错的替代品。

创意无限的"工匠"购物单 某些价廉物美的建材是很棒的花园造型来源：
· 结构钢板作为攀缘支架
· 房屋嵌板用作隔断墙装饰
· 脚手架材料用作支柱
· 帐篷罩用作移动隔板

技术天堂 反其道而行之，这个理论同样适用于花园设计。不再执着于花园是一个宁静的绿色休憩地的想法，使用一切可能的另类材料工具，达到耳目一新的效果。本图例的设计师大胆采用脚手架钢管的波纹状铁皮作为隔断墙。为消除这种不寻常材料带来的异端感受，来点别致的小细节就好，比如质朴的室外照明灯。这也许不能迎合工业设计师的口味，却能博得观赏者的会心一笑。精心挑选的铁皮座椅也许不够那么柔软舒适，但对那些一直寻求尝试和改变的人来说，已经足够从中获得灵感。

不仅仅是个遮阳亭　花园尽头坐落有通风非常良好的凉亭。细长的木条、白色亮漆涂色，显得干净而轻巧。后墙是同款设计的木栅栏，像翅膀一样，左右对称分布于凉亭两侧。盛开的白玫瑰、观赏草中夹杂的小白花，颜色和凉亭相呼应，浑然一体。注意凉亭下环绕的檩条，其上的洞孔不仅减轻了凉亭重量，更从细节上弥补了整体框架结构。当然，灰色亭顶还有它最基本的功能：防雨！

开白花的宿根植物
・火炬花"冰皇后"
　(Kniphofia × 'Ice Queen')
・黑升麻(Cimicifuga
　ramosa 'Atropurpurea')
・丝兰(Yucca filamentosa)

如此的遥远　在桌椅上方加盖遮阳顶棚，居于花园中央，方便从各角度观赏美景。四周环绕种植较高的观赏草，使得凉亭自成一方天地。房屋露台的遮顶和凉亭采用了类似的设计方案，这样，不同建筑物之间就有机地衔接成一体。顶棚的绿色磨砂玻璃柔和了阳光的直射光线。粉刷过的钢板采用了模块化系统的建造方式，用相对窄长而又不引人注意的卷筒式轮廓来固定玻璃板。终于可以收起遮阳伞，尽情沐浴在阳光下又不怕会被晒伤了。

正确使用玻璃顶棚　要选择夹层安全玻璃作顶棚材料，避免玻璃损坏掉下碎渣伤人。通常这种玻璃大小规格为长、宽各80厘米，超过这个规格，就必需使用卷筒安装。若想使用更大块的玻璃，一定要找专业人士重新计算厚度和安全性能：因为大块玻璃实在是太重了！

简简单单就很好　　对于崇尚简约主义的设计师来说，玻璃是一种非常不同寻常的建筑材料。尤其是表面经过喷砂处理或用化学方法进行模糊处理的品种，是很好的隔断材料。隔着磨砂玻璃，只能隐隐约约地看到玻璃后面的人影。建造中尽量使用无框安装，免得破坏这种透明或半透明材料的整体性。此外，加固方式也是设计中重要的一个环节。安装无框玻璃一定要选高质量的夹层安全玻璃。

安装玻璃是个精细活　图例中的阳台扶手、侧面隔断都使用了玻璃。玻璃平面上的安装用洞孔都是在玻璃制造流水线上用机器钻孔，再用高温处理而成的。鉴于这种洞孔的不可更改性，要求提前做好精确测量，一丝一毫的偏差都会前功尽弃。

如磐石般坚固 　　天然石材的建筑总是有一种别样的美，然而其昂贵的造价却也常让人望而却步，将水泥混入其中是个很不错的节约成本的办法。图例中饰有天然石材表面的水泥墙虽然也不便宜，但在加厚墙体和承重方面表现不俗。长条块的砖石墙看起来结实中不失轻盈，若以灰浆涂面，墙锚加固，则能防止墙体下沉。

小贴士

即使是严格按专业方法建成的墙基也避免不了轻微的下沉，具体表现为墙面出现细小裂纹。在建造水泥墙时，可以每隔6米按垂直方向做灰浆填缝处理，避免裂纹扩散。

哪些照明设备是防水的?
不管建筑部件还是照明设备
是否适合室外安装，购买者
都必须对其防水等级有所了
解。一般的室外照明防水等
级为44，第二个数字4说明
可以防4个方向的喷水。

阳光下的古迹　　设想一下，在一个历史悠久的古
院墙里，泛着铜绿的瓦缝下，高大的无花果树，环绕
四周的宿根花卉，让人见之忘俗，流连忘返。设计师
在无花果树后方的壁龛内安装了照明设施，强化视觉
美感。挂在墙上的加固型玻璃纤维合成材料（GFK）
不能太厚，但保证能透光，然后被环氧树脂固定于墙
上，形成一个箱子形状，里面安装防水LED灯。整个
设计可以说是历史建筑和现代设计理念结合的典范。

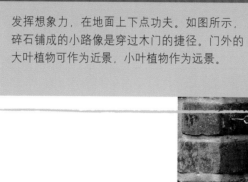

小贴士

发挥想象力，在地面上下点功夫。如图所示，碎石铺成的小路像是穿过木门的捷径。门外的大叶植物可作为近景，小叶植物作为远景。

穿墙而过　　在墙上作画，利用视觉的错觉，墙体会"消失"！我们在这里看到的是，半开半掩的木门前面，一株枝叶伸展的大树发出无声的邀请，让人入内观赏。设计师制造的"小骗局"，彻底改变原有的墙体形象。两侧的枝条被铁丝拉长固定，更显枝繁叶茂，顶端的细枝似要探入门内。细长的木条制成门窗，侧斜的大门框架结构好像半开半闭的状态。一点小技巧的应用，砖瓦墙就从眼前消失不见，取而代之的是门内无边的美景。

友好的桌友　小露台或窄阳台的活动空间很小，特别在客人来访时，人来人往，难免不时碰到阳台上的植物。此时所选植物应当以能迅速恢复原样为佳，其中以竹为首选：常绿的竹叶容易修剪，叶缘平整，不会像观赏草般扎人。阳台直线条的不锈钢装饰（栏杆和种植箱箍）与笔直的竹竿相互呼应，像在微风中为来客鞠躬欢迎。

适合露台的能抗风的竹子
· 菲黄竹，高1米
· 日本倭竹，高1.5米
· 神农箭竹，高2米

既省钱又漂亮 这款隔断设计既美观又价格实惠，且同样富有吸引力。后壁采用了传统的韧皮纤维垫子，以木条加固，安装在烟灰色的攀缘架上。地势被抬高的种植区内填满土壤，内铺塑料薄膜或防水毛毡，防止湿土对种植墙的水蚀。露台地板间的碎石填缝，是种植区最好的排水管道。其中的设计亮点是其烟灰色色调，从地板填缝到攀缘架，就像一条有色的主线把所有建筑元素贯穿成一体。

高地排水 所有封闭型的室外区域，都要有一定的坡度用以排出雨水，最常见的方法是让雨水直接流入植物种植区。但若途中有栅栏阻碍的话，就必须绕道而行或专门铺设排水管道。一般的种植区坡度落差以2%为宜：即1米的长度配以2厘米的落差。距离越长，落差越大。

彩叶观赏草

- 蓝绿发草 *(Koeleria glauca)*
- 蓝色柳枝稷 *(Panicum virgatum* 'Heiliger Hain')
- 白茅 *(Imperata cylindrica* 'Red Baron')
- 中国芒 *(Miscanthus sinensis* 'Giraffe')
- 箱根草 *(Hakonechloa macra* 'Aureola')

各种材料的汇总　　若院墙体积过大或色彩过于单调，可以通过增加层次的方法，分割空间，改变造型，吸引视线向上，越过墙壁投向远方。此外，如图所示，增种多种不同的植物组合，也能有一改前貌的效果：喷涂了亮黄色灰泥的院墙前是抬高的观赏草种植区，被经过氧化处理的铝制波纹铁皮围住。由于氧化过程中会在铝制铁皮上形成一层氧化物的薄层，能够进一步防止铁皮被腐蚀。这种铁皮墙必须进行安装加固，内部不适合种植根部力量很强的植物。单纯地只种观赏草会看起来更有生命力。可在种子供应商处获得各种不同品种、形状、大小的植物种子。

色彩交响曲　　自己动手，做点最简单的就行。此处的外墙被粉刷成深蓝色，入眼的强烈色调让人心情愉悦。两侧垂直安装的镜块像是打开的窗户，不仅改变墙体结构，而且成为视线的焦点。墙前挺拔的喜马拉雅糙皮桦树和身姿优雅的早花百子莲让院墙突然活跃生动起来。深绿的叶面、白色的花朵和树皮，最简单的颜色组合成最和谐的画面。

有白绿色叶面的植物

· 蓝粉玉簪
(Hosta × 'Brim Cup')

· 心叶牛舌草 (Brunnera
macrophylla 'Mr. Morse')

· 莫罗氏苔草 (Carex
morowii 'Variegata')

海市蜃楼　　上图像是源于摩尔人的绿洲式花园模型，整个花墙散发出如梦如幻的童话气息。雕饰成艺术品的窗户上安装有墙镜，镜中映出的景色如同花园景色的延伸。井台上铺就的蓝绿图案瓷砖，对应着花墙的蓝色涂层。四周满是郁郁葱葱的花草。这里要特别指出的是井台和窗下墙的连接处设计：井水好像是从窗台下流入里面的花园。但越是靠近，越会发现，这一切不过是海市蜃楼的幻觉。

小贴士

这条雅致的石径是在刚浇筑的灰浆地上直接嵌镶卵石而成的，建造过程中容易泥浆四溅。如果你以前没干过这种手工活，又想铺得漂亮平整，建议在铺地前先在沙地上练练手，这样在进行铺地工作时就会顺畅很多。

小贴士

有壁龛的墙通常比普通墙厚，并且会多占25～30厘米的花园面积。但就其艺术效果来说，绝对是物有所值。

露天的床　想躺在床上数星星？这个温暖舒适、隐藏在花园角落的空间能让你梦想成真：犹如最时尚的雅座一般，沙发边框勾勒出一条优美的弧线。塑料防水面料的床垫，勾起内心深处对深蓝色大海的记忆。隔断墙内部完全采用室内装修的设计方案：沙发上部的方形壁龛像两扇打开的窗户，能看到外面的蓝天（应景地被涂以天蓝色涂料）。正对的墙面也有个方形电子水景，由上至下的涓涓流水。需要注意这个水元素设计在技术安装上的高要求。建议在不使用这个空间时，可撤掉软垫并加以遮盖。

小贴士

砖石的暖土色很衬黄色、紫色、青色等清新的颜色。要注意的是，这种暖色调和砖石本身的颜色一样会散发热量。

这曾是个木栅栏　　大胆使用颜色组合产生的活力四射效果，不需要任何其他砖瓦的陪衬。韧皮纤维隔断墙旁修建的木栅栏，淡雅中透着平凡，一点也不引人注目。然而新刷的亮紫色油漆，让一切变得绚烂夺目起来，颜色鲜艳到即使身在远距离的露台也能一眼看到。白色的绣球花在它的衬托下更显娇嫩。所有的人都被其吸引着靠近，想进一步弄明白，如此特色的栅栏后是否还有更多的惊喜？

崭新
的创意

适合垂直立体种植的植物

· 长生草 *(Sempervivum tectorium* 'Noir')
· 红花景天 *(Sedum album* 'Coral Carpet')
· 铁角蕨 *(Asplenium trichomanes)*
· 莫罗氏苔草 *(Carex morowii)*

壁龛种植　竖直的高墙上布满生长繁茂的植物，只要有足够的根系空间和水分即可。结合大都市里众多的林立高墙，产生了"垂直绿化"的概念和革新的园艺模式。图例中，植物的根深深扎入外墙似的结构元素，组成了一幅活的植物壁毯。这里所选的植物大部分或原生于岩石地，或密布于凉爽的野外石地，或能从狭小的缝隙中挣扎而出，生命力极强。种于墙壁上后，要定期人工浇水施肥。待其长成后会自成体系，省时省力，非常经济。让人高兴的是，即使在冬季，这也是一幅绿色的版画。其维护和一般的落叶花园一样：采用替代植物填补已凋零的空位，清除杂草，修剪枯枝，每一方寸的绿墙都不能忽视放过。如果能做到上述这些，你肯定就能拥有一个颜色丰富的别样花园美景。

有草坪效果的宿根花卉
- 千叶蓍 *(Achillea millefolium)*
- 大星芹 *(Astrantia major)*
- 洋甘草 *(Glycyrrhiza glabra)*
- 柳穿鱼 *(Linaria purpurea)*

激情碰撞　现代合成材料技术为事物混合多样性提供了无限可能性。设计师想在一个花园中使用多种材料，必须具备从众多花色品种中提炼精华的技能。同时摆在设计师面前的还有一个非常重要的问题：如何才能使多种植物品种和谐地表达出一个主题。通常情况下，你可以选择那些跟视觉隔断的现代材料特别融合的"构造性植物"，或反其道而行之，选择与之反衬的植物品种。图例中，色彩奔放热情的球根花卉呈网状交织成一大片天然花海。可不要被眼前的美景蒙蔽了：防水承载板上颜色各异、品种不同的花朵在隔断板的映衬下，一眼望去，几乎没有太大差别。看似随意的点播其实蕴藏着大师级的经验和技巧：层次的高低、花形的搭配、颜色色调和开花时间的掌控等等。只有细致的规划，精心的护理才能有如此上相的"乱景花园"。

老相识　和一些合成材料相比，玻璃对天气和紫外线的抵抗能力更为稳定，然而含铅玻璃仍然是一种少见的艺术材料。有些玻璃甚至还残留有手工制作的痕迹。墙上空白处安装的彩色玻璃，在阳光的照射下，像是一幅壁画般流光溢彩。黑暗中在隐藏灯光的衬托下，朦朦胧胧地更显浪漫。玻璃品种繁多，样式各异，从用口吹制的古董玻璃，到机器碾扎成薄片的教堂玻璃，应有尽有，甚至连祖母辈的牛眼型玻璃也可用来做玻璃墙的装饰。

含铅玻璃　铅料、锡焊料、黏合剂是含铅玻璃的基本原料。单块玻璃用软铅进行黏合。为增加玻璃稳定性可在铅核中加入钢料。大块玻璃安装要使用钢制框架。锡焊料由40%的铅和60%的锡合成，在100℃时比铅要早融化，可用于铅块、铅棒的连接。最后用窗户黏合剂将玻璃侧面固定牢。

刚柔并济　　玻璃砖体型虽大，却可透光。像冰块样的外形看起来很酷，被作为透明材料广泛使用于现代装饰。玻璃砖有各种颜色和尺寸，甚至还有30厘米宽的规格。鉴于其表面纹理不同，可透的光线呈漫射方式。需要注意的是，玻璃砖虽然硬度较高，但缺乏弹性，地基不完善的话很容易因张力导致破损，而且承重能力较差，所以在使用中一定要避免过重压力。

玻璃砖的使用　玻璃砖墙和水泥墙一样，需要使用钢材按一定间距进行横向填缝加固处理。注意与有钢架和木梁的地方保持一定距离，否则会因钢架热胀冷缩或木梁受潮变形引起玻璃砖破损。

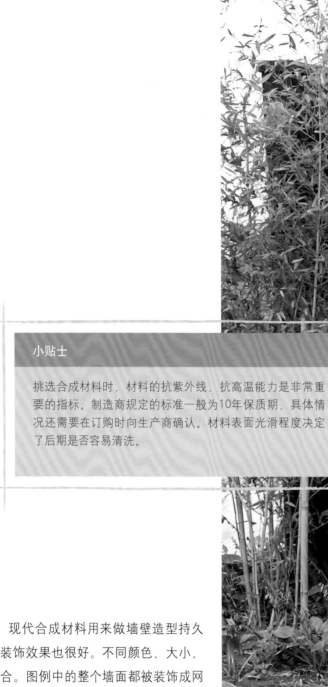

小贴士

挑选合成材料时，材料的抗紫外线、抗高温能力是非常重要的指标。制造商规定的标准一般为10年保质期，具体情况还需要在订购时向生产商确认。材料表面光滑程度决定了后期是否容易清洗。

网格状外形　　现代合成材料用来做墙壁造型持久耐用，作为室外装饰效果也很好。不同颜色、大小、规格都可任意组合。图例中的整个墙面都被装饰成网格状，利用蓝黑对比色排成象棋棋盘的模样，使几何图案效果更逼真。有了形象如此震撼的背景，前景的布置就可稍微平淡些：几杆翠竹、几株常春藤，既清爽简单，又容易打理。网格石板铺地上放置了两个舒适的灰色藤椅，黑色坐垫悄无声息地呼应着隔断墙上的黑色板块。

藤蔓的修剪 剪枝其实就是保留生长良好的侧芽，这一点毋庸置疑。但在具体的剪枝时间上，专家也有分歧。下面以铁线莲为例介绍。

组一：在植物开花过后的晚春进行彻底剪枝，避免损伤已形成腋芽、来年萌发的枝条。

组二：每年11～12月所有新枝剪半。

组三：每年11～12月整株剪至离地面30厘米高处。

钢架上的窃窃私语 不是最新、但绝对价廉的隔断方法就是由钢筋混凝土建成的攀缘架。鉴于花园设计中结构钢材的优质表现，钢垫也被引入花园装饰中。标准结构钢垫最大的尺寸型号为长6米、宽2.3米、厚15～25厘米，有的厂家甚至能提供许多特殊造型的钢垫。无论用作凉亭支柱的石网，还是形态各异的雕像，先进的弯管技术都能办到。这些千姿百态的造型，为冬天失去绿色的花园增色不少。嬉戏于攀缘架上的枝蔓，柔软的小红花散发出甜美的杏仁气味——这株铁线莲采用了组三的剪枝技术，即每年11月剪到离地面30厘米的高度。

精致的朦胧感 图例花园中安装的难道是有机玻璃？没错！这种现代建材根据表面特性不同，颜色从透明到不透明应有尽有。而且现代灯光技术更是为普勒克西玻璃提供了无数变化可能：它可以是整个玻璃平面发光，也可以仅仅从玻璃边缘处透光。这种玻璃材料的伸缩性良好，可被制成大块玻璃板，在夜晚静静地散发出柔光。这种材料用于对植物空间的分割隔离，是绝对的焦点；用作露台背景长廊也很漂亮。需要提醒的是，有机玻璃比一般玻璃要软，缺少清洁护理的话会暗淡无光。

小贴士

清洗合成玻璃，要使用大量清水兑温性洗涤液进行，再用擦窗抹布轻轻抹干。为防止静电吸附灰尘，可在最后喷点抗静电清洁剂再擦干。

像素植物学　　这是将大幅面的植物画像用数字模式直接压印于玻璃面上，再用蚀刻技术将四周处理成模糊不透明的相框模样的效果。夹层安全玻璃制成的座椅被纤直的不锈钢角钢牢牢固定住，看似悬空的形状非常引人注目。虽然座椅和玻璃墙之间有一定的距离，但从远处看，二者是一个整体，并给人一种错觉：种在中间的鸢尾花是从相框中长出来的。而晚上玻璃画墙发出的光更为花园蒙上一层朦胧的梦幻感。

数字图片和玻璃　数字印刷是将画像直接在玻璃或特制薄膜上压印后，再夹在两块玻璃之间而成。其后采用陶瓷色烙印技术，能让色泽持久不褪。现代高科技激光不仅仅能把图片印于物体表面，还能投影进物体深层，由此产生更为立体的三维效果。

无框玻璃板 对沉重的玻璃板进行无痕支架安装，为保证稳固性，可先在地面用水泥浇筑支架滑轨，再将特制U型托座装入固定。这种单面承重的安装方式只适合防碎的夹层安全玻璃（VSG）和双层安全玻璃（ESG）。安装前记得用抗紫外线薄膜对玻璃进行双面覆膜处理。

紫红色梦幻组合 紫山毛榉和玻璃隔断，花园中完全不同的两个元素，被设计师糅成一体，互相映衬：大片紫红色紫山毛榉树篱是花园颜色的亮点，前方是打磨得光亮剔透的紫红色玻璃隔断，玻璃墙面反射出花园景色，凸显出如诗如画般的"紫红色主题旋律"。尽管玻璃墙之间只有几厘米的空隙，却还是可以轻易地让人联想到那娇嫩柔软的花瓣。安全玻璃上覆盖的特制薄膜呈现出一种晶莹剔透的光泽。这种颜色搭配上的技巧，把两种完全不搭界的自然元素和高科技元素调和在一起，让人觉得二者似乎天生就该在一起，不可分离。

薄板　　如果有机玻璃是由工厂机器大批量生产制造的，那么用来做隔断成本就很低。图例中的隔断就是利用镀锡脚手架钢管作支架，安装易清洗、有槽纹的有机普勒克西玻璃制成。简单的脚手架框架为今后不断增添设施提供便利条件。脚手架地基一定要牢固稳当，才能保证有强风时"墙体"不会被吹倒。具体的可向静力学专家请教。为避免半透明玻璃板在恶劣天气状况下松动，加固用的托架一定要宽大，使用螺丝的地方要用大的橡胶垫圈。脚手架周围可种些攀缘植物作为绿化。

小贴士

和LED灯（发光二极管）相比，卤素灯更受欢迎：无论是明亮的工作用灯，还是朦胧的浪漫夜灯，都可以通过可调节光线强弱的调光器完成。

享受的不仅仅是晚餐　　欢迎来到有太阳、月亮、星星做伴的餐厅。在这个四周高楼大厦林立的伦敦城市花园里，时尚现代的室外装修被表现得淋漓尽致：豪华的餐厅，四周环水，犹如水中小岛，可容纳众多客人聚会，既能在"内"享受美餐，又能在"外"临水喝咖啡聊天。整个餐厅外墙用经过热处理的安全玻璃制成，受到大力撞击时会如同汽车前挡风玻璃一样裂成小片而不是锐利的碎渣。玻璃墙最上方表面使用机械或化学方法制成毛玻璃效果，中间部分则未经任何处理形成两扇窗户的模样。有深蓝色涂层的T型双层钢梁是玻璃墙的固定框架，又可反射墙灯灯光，强弱可调的卤素灯在用餐时间发出亮光，夜晚则是柔和的暗光。尽情享受美味的晚餐、浪漫的夜晚吧！

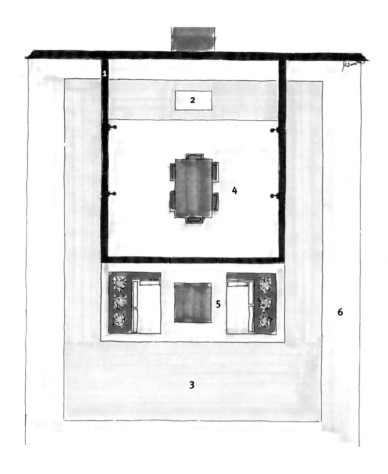

1 钢梁   4 餐桌
2 踏板   5 露台
3 水池   6 环形小路

孤岛   在喧闹繁华的城市中寻找一个能让身心得到彻底放松的绿色港湾——正是这个初衷，激发了设计师的灵感！最令人赞赏的是其位置的选择：四周环水的独立室外空间就像一个微型迷你小花园。小岛和建筑物本身之间的过渡也处理得很有技巧：T型结构的型钢梁搭建的餐厅墙，勾勒出整个休憩地的框架结构，看起来就像建筑物扩建出的部分——只是没屋顶而已！

小岛餐厅四周的毛玻璃隔断阻挡了外来视线，保证了夜晚私人聚会的隐秘性。型钢梁框架之外的延伸部分设计成露台，用来观景品茗。1米宽的水池不深，却也拒绝了陌生人的闯入。池底铺满河卵石，要及时清理，否则夏季气温升高易长水藻。此外，水温上升导致的蒸发速度也会较快，想要避免因此而带来的不停补水的工作，建议铺设类似的自动续水设备。这样，好心情的来客就不会因突然干涸的水池而有遗憾。

粉漆 一种现代涂漆技术，使用静电将粉末漆料喷涂于金属表面，粉漆会像磁铁一样吸附在金属表层，产生静电涂层。钢材表面粉漆在炉温160℃时会融化燃烧，进而形成一层均匀的涂膜。

池水消毒 要使用清水。根据所需过滤器数量多少和自控技术使用情况，在做计划时，水池用地要预留出1～2平方米的干燥空地。

花园中的金属织品 金属丝主要来源于现代建筑用材（材料加固），是使用最广泛的编织材料之一。中号金属丝直径7毫米左右。用铝涂色后编成鳞形的网状结构，非常牢固。使用时要求有稳固的地基和数量众多的悬挂支撑点。

线形雕塑 现代技术能提供以合成材料的细绳或精细金属丝编织成的织品，制作成类似于客厅的窗帘，适合室外使用。它可以是完整的挂帘，也可像图例一样单独悬挂。一束束尼龙绳互相交织被固定在地面，固定托架巧妙地藏入针茅草丛。如果是金属丝则要选择能抗腐蚀的不锈钢或铝制品。根据对其加工处理方式不同，会产生不同的透视效果，特别是在夜晚灯光的照射下，这种金属织品会散发出非常独特的光线变化。当然无论何种材料都需要牢固的地面安装。

移动式
隔断

拉杆窗帘　　有时一些露台会因具体情况不同，要求隔断不断变化。如图例中的通道隔断，需要随时间和太阳照射的变化不停改变。瑞典风格的开放式花园放置了大型号的方形不锈钢架，上面悬挂大幅面的亮色窗帘，远看就像一个放大的窗户。园中盛开着鲜花的框型种植块，和窗帘架呼应。窗帘架上的挂钩和框架本身都是防锈的不锈钢材，窗帘固定在支架挂钩上，能在滑轨上左右滑动。日常维护中注意保证滑轨畅通无阻。

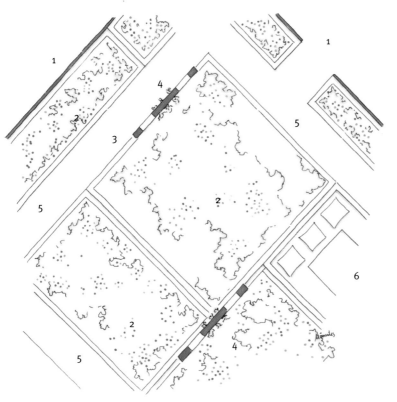

1 背景元素   4 窗帘隔断

2 种植区   5 种植隔断

3 碎石小路   6 休憩处

植物海洋中的鲜花丛   严格说起来，这个瑞典开放式花园里种植的植物并不属于"容易打理"的类型。然而，它所容纳的花色品种却为真正的花园爱好者提供了大展手脚的空间。所选择的开花植物大部分是一年生品种，可根据需要随时更换品种。这对那些狂热的园艺爱好者来说简直就是梦寐以求的天堂，既能每年更换尝试各种新品种，又能一会儿种春季花卉，一会儿种秋季花卉。整个花园划分成高低不同的种植块，并加建隔断。这种根据地势划分的花园空间既让人感受到生动的几何图形变化，又便于观赏者沿着环状小路慢慢欣赏不同种植块的景色。隔断的种植块自成一体，可随心设计成独立的景致。想要一点大胆的创新，可把种植块的隔断墙涂成少见的亮色，丝毫无损整个花园的协调性：

比如涂成玫瑰色，颜色虽然很跳跃，但并不突兀，因为它仍然属于花园众多色调之一。为最大限度地衬托出五彩缤纷的花色，宜选用中性的单色视觉隔断：花园中间高高挂起的白色挂帘，让人联想起铺在餐桌上的白色桌布的精美花纹，素净而生动。

花园里的窗帘　镀锌的四角钢架结构，上下沟槽内置滚动装置，方便大幅挂帘左右移动。这个隔断也可用作休息地的遮阳挡板，随阳光移动而随意调节。和室内窗帘相同的是，也要定期取下挂帘清洗。

一年生植物　只存活一年的植物。当年开花、结果后枯死。来年再以上年的种子重新繁殖。

远东式花园的宿根花卉和草本植物
- 蕨类 *(Athyrium niponicum 'Metallicum')*
- 酸浆 *(Physalis alkekengi)*
- 麦冬 *(Ophiopogon planiscapus 'Nigrescens')*
- 倭竹 *(Shibataea kumasaca)*
- 珍珠草 *(Sagina subulata)*

竹帘　视野隔断和遮阳不能仅考虑一个方向。使用卷帘能在高度上调节阳光照射的幅度，而且穿过卷帘下方的视线不会受到任何阻挡。制造卷帘的材料很多，其中最有名的是竹帘，一年四季都适合作阳台挂帘。竹帘由细而平滑的竹片编织而成，最长可达2.3米。其自然的色泽能搭配各种不同特色建筑和花园风格。下雨后及时擦干卷帘，可延长使用寿命。必要时在细竹片上涂抹护理油。如果你想要一个远东风情的花园，竹帘是花园凉亭饮茶室的最佳选择。

成千上万的珠串　　制作简易阳台隔断或炎炎夏日的遮阳隔断，某些材料因为无法满足室外条件而不能使用。这里推荐一种原本用于室内装修的珠串门帘，材质从木珠到亮闪闪的金属挂片应有尽有，不仅结实耐用，而且在互相缠绕后很容易打开恢复原状。可以在大雪纷飞的冬天，全家人一起做手工游戏制成。所需的珠串可从相关商店买到，既有大珠，也有方形串珠。选择时先构思好珠帘的图形及其与周围摆设协调与否。珠串线以抗拉强度较高的尼龙绳或造船使用的粗细不同的麻绳为佳。此外，还可以用不锈钢绳，更是结实。

同时要考虑的还有挂帘的固定：使用足够多的、不显眼的统一型号挂钩贯穿横架。不要小看这些细枝末节的作用：有创意的固定安装，支架颜色互相协调，才能展现出珠帘的最佳效果。

小贴士

若不想从珠帘中间穿过，可以将珠帘中间或底部用细线连接起来，就不会出现珠串打结的现象。如果使用的珠串材质过轻，可做些加重处理，免得到处乱飘。

同步转动　　这个转动式木扇到底凝聚了多少艺术想象和技巧功能？至少能确定的是，这个动力装置造型独特，维护也不是很难。根据机关调节方法，木扇在开放、半开放、全封闭隔断之间自由转换。木扇片的底部安装要牢固，之间以自行车传送带连接传送装置，确保木扇片能同时、同方向、同频率转动。在夜晚灯光的照射下，不断旋转的木扇形成各种逼真的投影，真心希望它永远不会消失……

小贴士

用于私人家庭使用时可以不用自动转动装置，简单的手动调节也很好。

流动的奖杯　　种植箱不仅可以用于装饰，也可作为移动式视角隔断。随着人们越来越注重种植箱隔断的使用，现代花园中出现了许多个体高大的种植箱，有的甚至以薄锌材料包装。雅致的种植箱不仅增加了设计亮点，而且可以作为单株植物自由移动。需要注意的是，人的关注点有时并不在于植物，而在于容器。

小贴士

若主人无法对种植箱进行定期护理，建议采用自动灌溉设备：特制管道和喷水管。

移动的容器　　在沉重的花卉种植槽下方安装滚轴，再次移动时便能节省不少力气。它就像一个移动的舞台背景，随着阳光照射、路线变化，在露台上左右挪动。安装的滚轴轮子不能太小，质量要好。具有旋转功能的大橡胶轮，才能保证种植槽在有接缝的木板或沙路上畅行无阻。

重复的技巧　　排列、循环、重复是这款设计成功的理念。重复的元素以少量、有特色的配件为宜。这里选择了暖色调的土陶罐组合，因其个性鲜明，给人留下深刻印象。下方天然石材围墙以手工堆砌而成，材质和颜色都类似土陶罐，内种的植物也透出隐约的泥土色，与之互相呼应。

野外宿营　　凉亭在花园建筑历史中占有相当重要的地位，具体表现为各个时期特色不同的建筑实物。圆形的、四周开放的建筑物既是花园一景，也是夏季避雨的好地方。凉亭位置一般和主屋有一定距离，为的是更好地融入自然景观和享受美景。图例中的凉亭坐落于花园尽头平整的沙石地上，成为园中很值得一看的风景。当然如果有水源环绕四周或大片鲜花草丛为背景，效果更好。根据凉亭大小，一般能容纳6人遮阳。随着防雨、防紫外线的布料及遮阳棚材料的不断推新，越来越多的买主喜欢购买这种装饰布料。它在风中摇曳的模样真的很漂亮，而且具有多种颜色图案，多种设计风格，能迎合不同爱好。除却凉亭柱的装饰，还有挂帘和侧帷用来挡风、挡视线。

多功能

隔断

小贴士

（德国）法律允许的屋棚和凉亭顶大小根据不同地方有不同的具体规定。制订计划前要详细向建筑管理局咨询相关法律规定。

遮阳棚　　把隔断墙做点个性改变，会有意想不到的效果。这里的设计师利用改建隔断的机会，加盖遮阳棚，摆上桌椅，成功地建成了一个遮风避雨的室外凉亭。四周环绕的绿色植物，宽敞明亮，适合高档起居室式的家具。架空的遮阳棚，一定要请静力学家详细计算结构类型。利用后院墙作承重的遮阳棚看起来轻巧而通风。不同建材之间的颜色也很协调：大块磨光的大理石地板，杂砂岩的橼柱，暖灰色的镀锌顶棚边饰都有同样的灰色调。

小贴士

冬天水池的水可以注满，但水管、过滤器和抽水机等内的水必须排空。水平面应比平常下降几厘米，避免水池内的水倒流入清空的供水系统管道。

画龙点睛的水景　　水能为花园提供源源不断的生命活力。比如这个极具美国西南部花园风格的隔断水景墙。和谐的颜色、时尚的设计让人得出一个结论：这一定是出自大师之手。隔断墙上的喷水台，水池边的踏板台阶以及哗哗作响的流水声，静谧之中不失动感。水池底部偶尔冒出的水生植物，表明使用了绿色净化剂。若使用化学净化剂，水会变得晶莹透亮。无论选择哪种净化剂，都要保证水的质量。糟糕的净化效果和浑浊的水流只会导致一个结果，那就是没完没了的维修。所以说，高科技净水设备是这个水景天地保持清新凉爽的关键，让你每年夏季都能享受到带水汽的凉风。

小贴士

所有与水有关的设施都要保证能随时进行维修，比如冬季来临前，铺设的各个水管中的水都要抽出。相关电子设备要建在干燥通风的地方。开放不密闭的地下竖井须提前做好防蚀工作。室外电子设备要在家里安装特殊的保护电闸。

让人赞叹的消声器　　　花园尽头的壁泉绝对是俘获眼球的焦点。上面安装了远程遥控设备。如果壁泉因为远离主屋而无法直接看到，建议对它做点小改动，方便从起居室便可看到水流并加以遥控。潺潺的流水声很好地掩饰了墙外街道的噪音。前方空地草坪上砌的台阶不高，却也足以强调花园的地貌落差。台阶上以摆放的球形黄杨树作为主线，将壁泉、草地、露台连成一体。

水的消毒 即使是小水景也要经常用氯进行安全消毒。控制好氯的含量及水的pH值，就闻不到刺鼻的氯气味了。

凉爽的水帘洞 　图中的水景像是被小心隐藏起来的水晶一般，镶嵌在壁龛内，光润晶莹的镜面上倾泻而下的水流光彩璀璨。白边玉簪、蕨类和珍珠草临水相望，犹如一天然瀑布。营造这个水景效果，关键是水的清澈透明度：需要使用化学净化剂或除藻类净化剂，或是游泳池净化过滤技术。当然，游泳池净化技术花费较高，但只有这种消毒才能彻底清除水中的各种杂质和悬浮物。

适合小水景的水生植物
- 泽泻 *(Alisma plantago)*
- 小香蒲 *(Typha minima)*
- 杉叶藻 *(Hippuris vulgaris)*
- 欧洲慈姑 *(Sagittaria sagittifolia)*
- 香睡莲 *(Nymphea odorata)*

酣畅淋漓的水井 哗哗作响的水柱从水管中喷涌而出，四散飞溅到两旁的砖石井台上。泽泻、欧洲慈姑等水生植物郁郁葱葱，一派原生田园风光。要维持这样一个水生环境，必须使用有机方法清理水井：净化过程可采用技术先进的过滤设施，绝对避免化学净水方法，否则会杀死水生植物。井台上沉积的苔藓层，季节性的水藻，都是一个健康的水生群落的一部分。飞来飞去的蚊虫也会很快被水流冲散，由于它的卵无法承受水的冲力因此不会在这里繁殖。

私人美食家的香草

- 希腊牛至 *(Origanum heracleoticum)*
- 柠檬百里香 *(Thymus serphyllum 'Lemon Curd')*
- 迷迭香 *(Rosmarinus officinalis)*
- 西班牙鼠尾草 *(Salvia lavendufolia)*
- 狭叶薰衣草 *(Lavendula angustifolia 'Siesta')*

舌尖上的香草架　　假如厨房门前没有别的植物，尝试着种些香草吧！ 有别于一般植物，香草植物集观赏性和实用性为一体——它可以吃。地中海式香草园的种植，只要阳光充足就能长势良好。当这些可口的植物散发出幽幽香气时，你就能体会到置身于香氛天堂的美妙了。香草种植地的排水性要好，避免积水烂根。图例中的种植架是个非常不错的选择：前高后低的隔层板，把多余水分导入底部排走，倾斜的挡板可最大限度地利用阳光照射，让喜阳的香草从上到下都能尽情享受到阳光。薰衣草至少要种满一整排，香味才能持久不散。当然了，主餐使用的酱料、配料更要保证整个夏天都有充足的供应。

小贴士

如果想在花园壁橱处放几个软垫，充作闲暇时的休憩地，一定要注意保持橱柜良好的通风性：足够宽敞的空间，通畅的空气进出口。不要忘了，对突如其来的狂风骤雨和夏季蚊虫叮咬也要做好防护措施。

壁橱和长凳　　如果有现成的椅背，只需将长凳靠边安置就可以了。若能对长凳侧面做些框架保护处理，效果会更好。如图例中的长凳侧壁是壁橱的一部分，很适合放靠垫等小装饰品。靠背上方仅6厘米宽的壁灯能提供充足光源，是下午读书休闲的好去处。窄长木条竖直装饰方式，突出了壁橱的长凳造型。整个隔断墙的底部构造也非同寻常：石子地上架起承重型钢架，只需几个为数不多的支柱就能完全撑起。远看起来，整个隔断墙犹如羽毛般轻盈地浮在地表。

小贴士

与鉴别普通布料质量的方法类似，可以从以下几个方面鉴别帆布的好坏：抗紫外线能力、是否容易褪色、透光性、吸水性、边缝连接处理、最大抗风能力及耐用性等。

遮阳帆　　假如四周高楼林立，需要对花园上部空间做些处理，比如利用帆布遮阳棚来遮挡视线。这种"花园布艺"的使用很简单，效果也很好，适合各种不同风格建筑。图例中的三角帆布棚造价便宜，撑开绷紧后形成一平面。如果天气状况不佳时想保护花园中的家具，则要选用较贵的四角帆布棚（帆布棚撑开后呈中间下凹的马鞍形）。这里黄色主调的家具、建筑和花卉从远处看很是抢眼呢！

耐高温建筑 户外壁炉的燃烧室要使用耐热黏土砖修筑。四周的隔热层防止壁炉外壳（这里是砖石外壳）过热受损，它由特制的、能承受一定高温的隔热板制成，厚薄不同，不能直接与火接触。

露天厨房 喜欢为家人和亲朋好友做可口大餐么？随着室外厨房在现代园艺建筑中的出现，吸引了越来越多的爱好者——不需要如何精致华美，但该有的都有：清洗池、垃圾桶、厨房用品、调料种植台、比萨烤炉，都在向你发出邀请。在做图纸设计时，就必须全面考虑并确定下来，哪些要能抵抗恶劣天气，哪些要作防雨措施等等。这里所有放置物品的容器都应有相应的排水系统。隔热性能良好的烤炉，大空间的燃烧室和畅通无阻的烟囱是烤出美味比萨的关键。祝大家有一个好胃口，尽情享受美味吧！

瓷砖 烧制瓷砖的原材料为陶土、黏土或瓷土，将其充分干燥磨成粉后加水压成坯，先在800℃下烧制数小时，取出涂上特制的彩色釉层后，重新以1200℃的温度烧制而成。瓷砖上的釉层能令这种本身有孔的瓷砖具防水功能。

无声流动的水池　　图例中的隔断墙和水景被糅和在一起，形成一幅漂亮的壁画。墙壁和水池的台边装饰得如同一件工艺美术品。明亮的墙壁涂层透出地中海式花园风情。色彩艳丽的瓷砖勾勒出水池和出水口，以暖色为主题的造型在阳光下闪闪发光。出水孔下方安装了两个古色古香的小容器，由上而下直入水池的链条减小了流水声，避免水珠四溅。看得出来，流水量并不多，也许只是雨天遮雨篷上的积水而已。无论如何，即使没有水流也丝毫无损于这个水景的安静和美丽。

乙醇燃烧器 是指有滑动调节功能的不锈钢盒，灌入2~5升的乙醇后点燃即可。通过滑动调节功能控制火焰大小和开关。需要注意的是，燃烧器的加热速度非常快，熄火后一定要等到完全冷却才能清理。

烤火 喜欢在寒冷的冬天，围坐在熊熊燃烧的壁炉旁闲聊的惬意感吗？想在室外也建一个壁炉，却因费用太高而止步吗？这里给大家支个小花招，满足你的愿望。靠墙建一个类似壁炉的建筑，记住，一定要有燃烧室！注意材料的选择和砖石填缝的逼真感，才能以假乱真。还可在燃烧室放个乙醇燃烧器，虽然无法和真正的壁炉相比，但总能享受到温暖的"炉火"和"烤火"的乐趣。需要提醒的是，使用乙醇燃烧器一定要有燃烧室、出烟口和灰烬盒等相关配套建筑设施。

附录: 植物译名对照表(中文、德文及拉丁文)

植物：

Akeleien (Aquilegia) 耧斗菜
Astern (Aster) 翠菊
Bartfaden (Penstemon) 毛地黄
Bauwürger (Celastrus) 南蛇藤
Beifuss (Artemisia vulgaris) 艾蒿/艾草
blaue rutenhirse (Panicum virgatum) 柳枝稷
Blauschillergras (Koeleria glauca) 细粉洽草
Blaustrahlhafer (Helictotrichon sempervirens) 蓝燕麦草
Blutbuche/Purpurbuche/Rotbuche (Fagus sylvatica) 紫山毛榉/欧洲山毛榉
Brandkraut/Russel-Brandkraut (Phlomis russeliana) 布兰德草
Braunstielige Streifenfarn (Asplenium trichomanes) 铁角蕨
Buchen (Fagus) 山毛榉属/水青冈属
Buchs/Buchsbaum (Buxus sempervirens) 黄杨
Chinaschilf (Miscanthus sinensis) 中国芒
Chinesische Wisteria (Wisteria sinensis) 紫藤
Dachplatane (Platanus × hispanica, Synonym P. × acerifolia, Platanus × hybrida) 梧桐
Douglasie (Pseudotsuga menziesii) 花旗松
Dünengras (Leymus arenarius) 沙滨草/蓝刚草
Echte Lavendel (Lavandula angustifolia/Lavandula officinalis) 狭叶薰衣草
Efeu (Hedera helix) 常春藤
Eibe (Taxus) 红豆杉/杉杉属
Eiben (Taxus beccata) 浆果紫杉/欧洲红豆杉
Eichen (Quercus) 橡树
Europäische Stechpalme/Gewöhnliche Stechpalme/weißbunte Stechpalme (Ilex aquifolium) 欧洲冬青
Die Fackellilien (Kniphofia) 火炬花
Feigenbaum/Echte Feige (Ficus carica) 无花果树
Feldahorn (Acer campestre) 栓皮械
Felsenbirne (Amelanchier lamarckii) 唐棣
Feuerahorn (Acer tataricum subsp. ginnala) 火枫/茶条械
Flieder (Syringa) 紫丁香
Fichte (Picea) 云杉
Froschlöffel/Gewöhnliche Froschlöffel (Alisma plantago-aquatica) 泽泻
Garten-Reitgras (Calamagrostis x acutiflora) 尖花拂子茅
Geißblatt (Lonicera caprifolium) 金银花/蔓生盘叶忍冬
Giersch (Aegopodium podagraria) 羊角芹
Goldlack (erysinmum) 红花糖芥
Glanzmispel (Photinia) 石楠
Glockenblume (Campanula trachelium) 风铃草
Glockenblumen (Hyacinthus orientalis) 风信子
Glyzine (Wisteria) 紫藤
Graugrünes Heiligenkraut/Rosmarinblättriges Heiligenkraut (Santolina rosmarinifolia) 香叶棉杉菊
Griechischer Oregano (Origanum vulgare/Origanum heracleoticum) 希腊牛至
Große Sterndolde (Astrantia major) 大星芹
Grüne bergeritze/Thunberg-Berberitze (Bergeris thunbergii) 日本小檗/红叶小檗

Hagebutten (Rosa rugosa) 玫瑰
Hainbuche (Carpinus betulus) 欧洲鹅耳枥
Hanfpalme/Chinesische Hanfpalme (Trachycarpus fortunei) 棕榈
Hasel (Corylus) 榛
Hauswurz/Dach-Hauswurz (Sempervivum tectorum) 长生草
Himalaya-Birke (Betula utilis) 糙皮桦树
Himmelblaue Traubenhyazinthe/Scheinhyazinthe (Muscari azureum) 天蓝葡萄风信子
Immergrüne Magnolie (Magnolia grandiflora) 荷花玉兰
Indianernessel/Goldmelisse (Monarda didyma) 香蜂草/美国薄荷
Japanisch Blutgras (Imperata cylindrica) 白茅
Japan-Goldbandgras (Hakonechloa macra) 箱根草
Japan-Segge (Carex morrowii) 莫罗氏苔草
Judasbaum (Cercis) 紫荆花
Kiefer (Pinus) 松树
Kirschlobeer (Prunus laurocerasus) 桂樱
Kriechender Hahnenfuß (Ranunculus repens) 匍枝毛茛
Knautia macedonia (Mazedonische Witwenblume) 川续断
Kamelien (Camellia japonica) 山茶花
Kaisernde (tilia europaea 'pallida') 欧洲椴
Kastanien (Castanea) 板栗树
Kopfweide (Salix alba) 秃头白柳
Lampenputzergras (Pennisetum alopecuroides) 狼尾草
Lärchen (Larix) 落叶松
Lebensbaum (Thuja) 金钟柏
Liguster (Ligustrum) 女桢
Löwenzahn (Taraxacum sect. Ruderalia) 蒲公英
Margeriten und Astern 雏菊和紫苑
Chinaschiff (Miscanthus sinensis) 晨光芒
Narzisse/Engelstränen-Narzisse (Narcissus triandrus) 三蕊水仙
Nessel (Urtica dioica) 荨麻
Ölweiden (Elaeagnus) 茱萸
Potentilla nepalensis 委陵菜
Palmlilie (Yucca filamentosa) 丝兰
Päonien/Pfingstrosen (Paeonia) 牡丹
Peach-leaved bellflower (Campanula persicifolia) 桃叶桔梗
Pflaumblaettriger Weißdorn (Crataegus persimilis) 李子叶山楂
Pfeifensträucher (Philadelphus) 西洋山梅花
Pfeifenwinde/Amerikanische Pfeifenwinde (Aristolochia macrophylla) 大叶马兜铃
Pfeilkraut/Gewöhnliche Pfeilkraut (Sagittaria sagittifolia) 慈姑
Phlox 福禄考
pleioblastus viridistriatus 菲黄竹
purpur Leinkraut (linaria purpurea) 柳穿鱼
Quecken (Elymus) 匍匐冰草
Lampionblumen (Physalis alkekengi) 酸浆
Mäusedorn-Bambus/Kleiner Flaechen-Bambus (shibataea kumasaca) 日本倭竹
Muriel-Bambus (Fargesia murielae/Arundinaria murielae) 神农箭竹
Regenbogenfarn (Athyrium niponicum) 蕨类

Regenbogen-Schwingel/Amethyst-Schwingel (Festuca amethystina) 彩虹/紫水晶羊茅
Rittersporn (Delphinium) 飞燕草
Robinie (Robinia) 刺槐
Rose hip 玫瑰果
Rosmarin (Rosmarinus officinalis) 迷迭香
Rotbuche (Fagus sylvatica) 欧洲山毛榉
roter mauerpfeffer (sedum spurium) 红花景天
Salbei (salvia) 鼠尾草
Sanddorn (Hippophae rhamnoides) 沙棘
Schafgarbe (Achillea) 蓍草
Scheinjasmin (trachelospermum jasminoides) 络石
Schlangenbart (Ophiopogon planiscapus) 麦冬
Schmucklilien (Agapanthus) 百子莲属
Schmucklilien (Agapanthus praecox) 早花百子莲
Seerose/Wohlriechende Seerose (Nymphaea odorata) 香睡莲
Silberährengras (Stipa calamagrostis) 针茅草
Silberkerze/Trauben-Silberkerze (Actaea racemosa/Cimicifuga racemosa) 黑升麻
silbriges kaukasus vergissmeinnicht (brunnera macrophylla) 心叶牛舌草
Spanische Salbei/Lavendelblättrige Salbei (Salvia lavandulifolia) 西班牙鼠尾草
Stechpalmen (Ilex) 冬青
Steppenkerz (Eremurus stenophyllus) 独尾草
sternmoos (sagina subulata) 珍珠草
Stockrose (Alcea rosea/Althaea rosea) 蜀葵
Storchschnabel (Geranium) 老颧草
Süßholz/Lakritze (Glycyrrhiza glabra) 洋甘草
Tannenwedel (Hippuris vulgaris) 杉叶藻
Thymian (Thymus) 麝香草
Tränende Herz (Dicentra spectabilis) 荷包牡丹
Trompetenbaum (Catalpa) 梓树
Weiden (Salix) 柳条
Wildtulpe (Tulipa sylvestris) 野生郁金
Weißdorn (Crataegus monogyna) 山楂
Weißer Mauerpfeffer/Weiße Fetthenne (Sedum album) 白花景天
Weißrand-Funkie (Hosta sieboldii) 蓝粉玉簪
wilder Wein/Dreispitzige Jungfernrebe (Parthenocissus tricuspidata) 爬墙虎
Weinrebe (Vitis vinifera subsp. sylvestris) 葡萄
Zier-Kirsch 观赏樱花
Zimmerkraut (Cymbalaria murali) 蔓柳穿鱼
Zitronen thymian (Cymbalaria murali) 柠檬百里香
Zwerg-Rohrkolben (Typha minima) 小香蒲

其他词类：

Basalt 玄武岩
Corten stahlplaten 耐候钢压板
Einfassung 围墙
Granit 花岗岩
Hecken 矮树篱
Lattenzäune 板条篱笆
Reihenhaus 联栋房
Rotkehlchen 欧亚鸟(更知鸟)
Rabatte 边缘花坛
Sandstein 砂岩
Singvögel 鸣禽